知りたい
会いたい

色と形ですぐわかる

身近な
キノコ図鑑

秋山弘之 著

家の光協会

はじめに

手に取っていただいているこの図鑑は、これまでに数多く出版されているキノコ図鑑とは少し趣が異なります。それはキノコ観察をこれから始めたい初心者の方のために書かれているからです。直感的に分かりやすいキノコの色と形に注目して、身近なキノコを調べられるのがこの図鑑の特徴です。

キノコの仲間は分類の再検討が現在急速に進んでいて、これまでの伝統的な考え方やグループ分けの方法が劇的に変更されつつあります。たとえば以前はよくまとまったグループと考えられていた球形のキノコを地中につくる「腹菌類」は、今ではバラバラに解体され、たとえば有名なショウロ（松露）はイグチの仲間にされています。進化の歴史が正しく反映された科学的分類は学問としてとても大切なのですが、この図鑑の第一の特徴はあえてそれを採用せず、色や形といった見た目、つまり人間にとってわかりやすい実用的な基準でキノコ達を並べていることです。

二番目の特徴は、都市近郊の自然公園や里山の雑木林、近所の公園や芝生広場で見られるキノコ達を中心に取り上げていることです。ですからこの図鑑には、近所を散歩中に出会えるキノコがたくさん掲載されています。もちろん、ブナ林やカラマツ林に見られる有名なキノコ達、たとえばクリタケやナメコ、ショウゲンジ、ハナイグチ、あるいは毒キノコのベニテングタケやツキヨタケも取り上げています。

キノコは菌類の仲間です。光合成を行わず他の植物や動物を分解して養分を得たり、地下に広がる植物の根と結びついて菌根を形成し必要な養分をやり取りする「共生」という生き方をしたりしています。このような生き方こそが多彩で変化に富んだキノコの色と形に反映されています。なぜなら光合成をしないキノコには緑色の葉緑素がそなわっておらず、結果として「緑色の呪縛」からも「太陽の光」からも完全に自由の身になっているからです。様々な色に彩られ奇想天外な姿形を見せてくれる彼らの魅力を、この図鑑を見ることで感じていただければと思います。

知りたい会いたい 色と形ですぐわかる

身近なキノコ図鑑 目次

キノコを楽しむための 4つのポイント

1 食べられるかどうかは ひとまず気にしない

　人という生き物はなぜか、キノコの形を目にするとそれが食べられるのか、あるいは毒なのかがとても気になるようです。一方でこの図鑑は色と形に注目し、目で見て手で触れてキノコ観察を楽しむことを目的としています。ですから「食べられるかどうか」については、ごく一部以外では言及していません。キノコ観察の初心者にとっては、危険を冒して食べることに気を使うよりも、キノコの多様性と美しさに注目するほうがずっと楽しいと考えたからです。

2 まず毒キノコから 覚えていこう

　一方、有毒なキノコについてはそれぞれ「猛毒」・「毒」として明記しています。「猛毒」は食べると内臓（肝臓や腎臓）や脳に重篤な障害が起こり死亡する可能性があるもの、「毒」は程度の違いはありますが胃や腸の不調、下痢や嘔吐でかなり苦しむものです。食用とされていても毒成分が最近報告されたり生で食べると中毒を起こすものは「注意」マークをつけています。それぞれのキノコの毒性の有無は科学的知見の集積が進むとともに変化するので注意が必要です。

3 幼い子ども達と一緒に キノコ観察するときは

たとえ毒キノコであっても観察する時に指で触る程度では全く問題ありません。口に入れ体内で消化されてから毒性が発揮されるからです。大切なのはキノコ観察の後はよく手を洗うこと。そして子ども達がキノコに触れた指を口の中に入れないように、付き添いの大人の方がよく注視してあげてください。今では否定されつつありますが触るだけで危険とされるカエンタケ（P31）というキノコがあります。しかし色も形も非常に特徴的なキノコなので、他のキノコと間違えるおそれはほとんどありません。

4 難敵LBMはわからなくても気にしない

　茶色で小型のキノコは、その正体を知るのがとりわけ困難です。キノコに詳しい人に尋ねたとしても、「これはLBM（Little Brown Mushrooms、小さな茶色いキノコ）ですね」の一言でおしまい、ということがよくあります。初心者の手には負えない相手として今はすっぱりと諦めることにしましょう。

それでは、キノコの世界の色の美しさと
形の面白さをこの図鑑を活用して
ぞんぶんに楽しんでください

知っておきたい
キノコ知識

キノコ観察はここに注目

私たちがキノコと呼んでいるものは正確には「子実体」といいます。子実体の多くは傘と柄から成り立ちます。観察するとき注目するのは、傘表面（色、粘り、イボや条線の有無）、傘裏のヒダ（色、密度、柄とのつながり方、スポンジ状の管孔をつくるか）、柄（色、長さ、ツバや表面の網目模様の有無）、柄の根元（膨らみ具合、菌糸の有無と色、ツボの有無）などの特徴です。クサウラベニタケ（P97）やモリノカレバタケ（P106）のように柄の根元に細かい菌糸が広がっていると、キノコを持ち上げた時、一緒に落葉がついてきます。傘表面の粘性の有無も大切です。キノコが乾いていると判断が難しいのですが、傘表面に落葉がしっかり張り付いていれば湿った時には粘性があると考えられます。

　キノコを知るうえで傘裏のヒダはその形や混み具合だけでなく色も重要です。ヒダの色には胞子の色が反映されているからです。ヒダははじめは白色ですが、胞子が成熟するとグループごとに特有の色に変化します。たとえばテングタケ科の胞子は無色（人の目には白色）、ハラタケ科は黒褐色、フウセンタケ科は茶褐色などです。胞子の色は胞子紋（キノコの胞子を紙などの上に落とすとできる紋様のこと。写真左）を採るとよくわかります。

胞子紋を採るときは柄を切り落とし、ヒダを下側にする

白い胞子紋の例
（シイタケ）

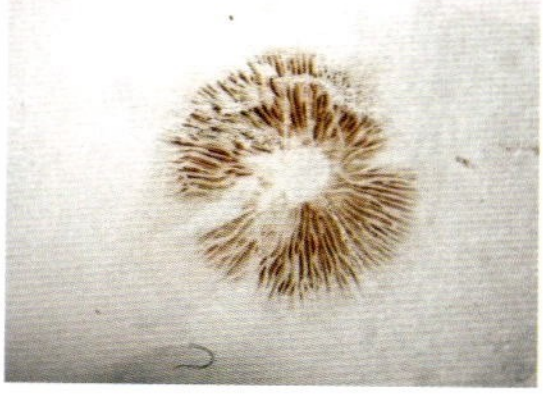

茶色の胞子紋
（ヒメコガサ属）

キノコの体

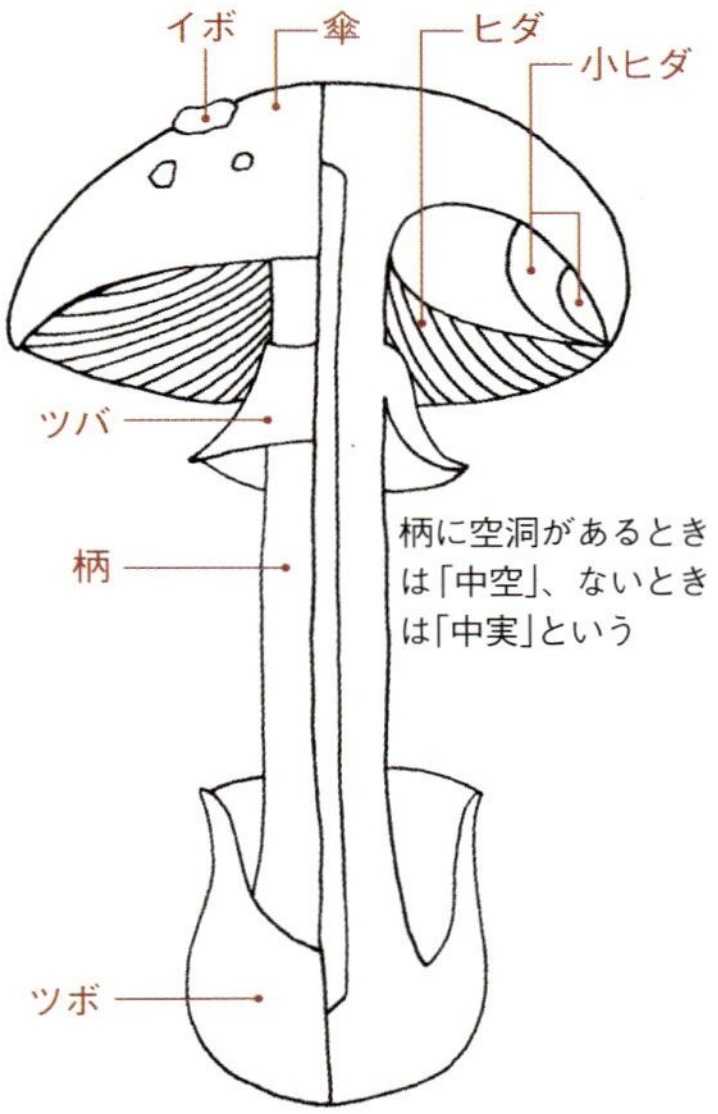

傘縁の様子

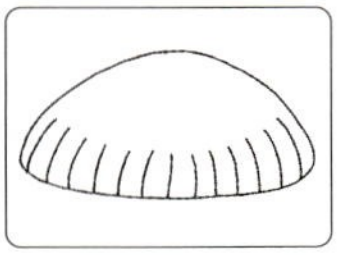
条線

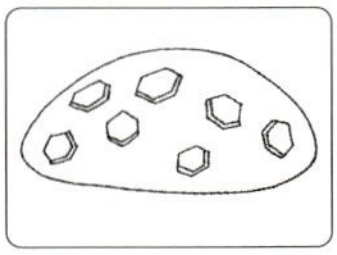
イボ状の外皮膜のかけら

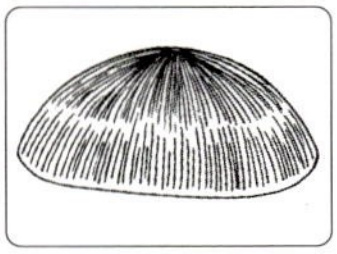
繊維模様

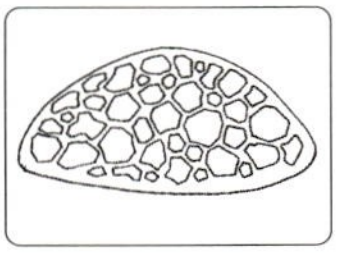
ひび割れ

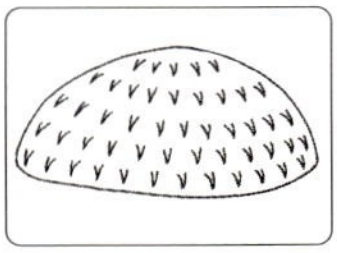
鱗片がある

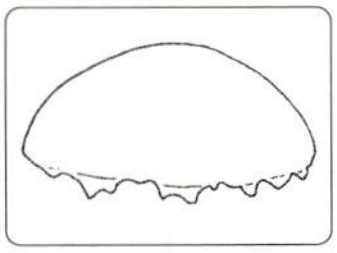
被膜の名残をつける

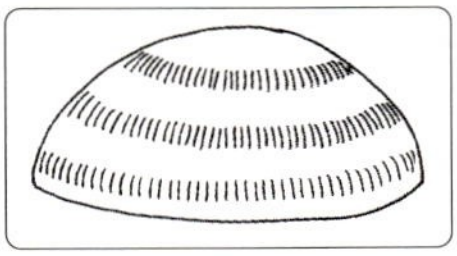
環紋

ヒダの様子

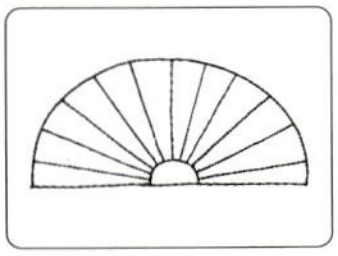
まばら・疎生

密・密生

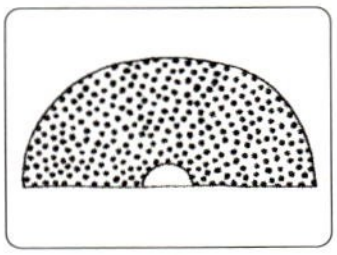
管孔

ヒダと柄のつながり

傘の裏側には胞子をつくるヒダが放射線状に並ぶが、ヒダが柄に付着する様子の違いは大切な特徴となる

上生

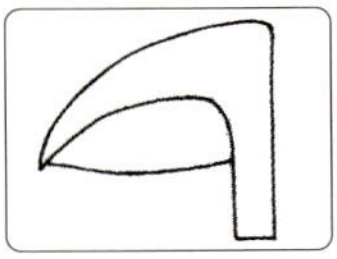
直生

離生

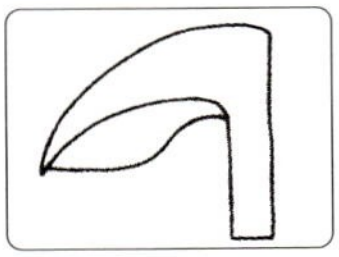
湾生

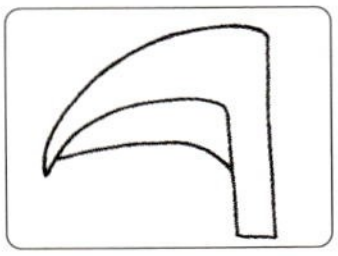
垂生

柄のつき方

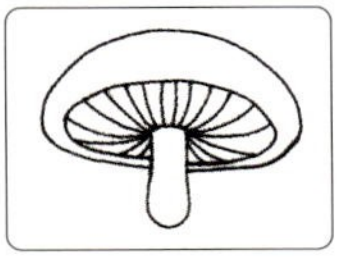
中心生

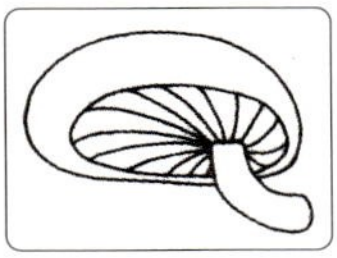
偏心生

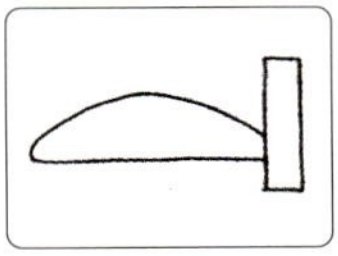
側着生

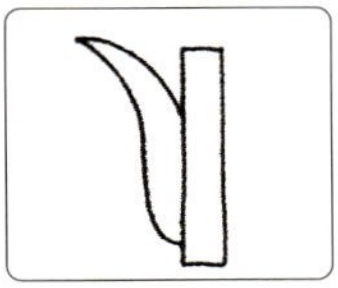
背着生

柄の表面

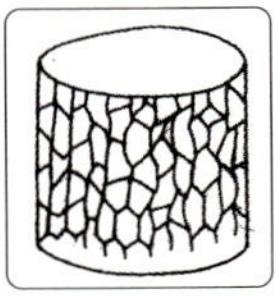
網目状

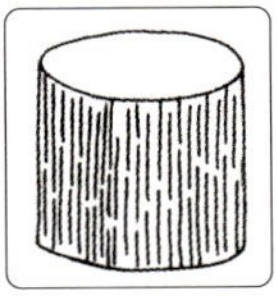
繊維状

あばた状

平滑

ツボの形

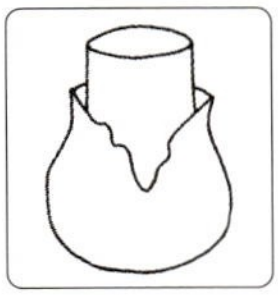
袋状

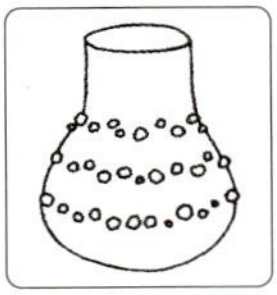
環状のツボの名残

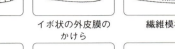

知ってもおきたい
キノコ知識

キノコの生き方と大切な役割

キノコは菌類の仲間

キノコはカビ（黴）や酵母と同じ菌類の仲間です。目立つ子実体をつくらず一生を菌糸の姿で過ごす仲間を私たちはカビと呼び、単細胞の姿で発酵など人の役に立つ仲間を酵母、そして子孫を残す時に私たちの目に見える大きさの子実体をつくる仲間をキノコと呼んで区別しています。つまりキノコ・カビ・酵母は、同じ菌類のそれぞれ異なる側面に注目してつけられた名前なのです。

キノコの本体は人の目に触れない地面の下や枯れ木の中に広がっている菌糸です。北米産のナラタケの仲間は15ヘクタールにおよぶ広大な森林の地下に菌糸を広げ、数千トン以上の重量がある世界最大の生物と考えられています。

胞子をつくるために一時的につくられるものが子実体ですから、用が無くなるとすぐに消えてしまいます。役割の面でもはかなさの面でも顕花植物の「花」と同じ機能を果たします。そしてこのはかなさこそがキノコが「神出鬼没」である理由なのです。また、地上に現れたキノコを数本持ち帰ったとしても影響はさほど大きくないのですが、キノコを根こそぎ取り去ったり生えている場所をひどく踏み荒らしたりするのは、地下の菌糸にダメージを与えることになります。

生態系の中でのキノコの役割

キノコには大きく分けると木材や落葉を分解して養分を得る「腐朽（腐生）菌」と、植物の生きた根と強固な共生関係を築いて生活する「共生菌」の二つの仲間があります。その他に植物や動物に病気を起こす「病原性寄生菌」もあります。ナラタケやナラタケモドキは、たくさんの菌糸が束になって黒くて太い根状菌糸束をつくり出し、これが寄生した木の表面や内部に広がります。

植物の細胞壁はセルロースと少し構造の異なるヘミセルロース（どちらも分解されて「糖」という栄養分になる）、そしてリグニン（とても固くて分解されにくく栄養分になりにくい）で構成されています。腐朽菌は長く伸びた菌糸の先端近くから細胞の外に消化酵素を分泌し、酵素によって分解された養分を細胞内に取り込みます。この分解の方法には二種類あり、白腐れ（セルロース類とリグニンの両方が分解され、残された材が白色でボロボロになる）を起こす「白色腐朽菌」と、赤腐れ（セルロースだけが分解されリグニンが残るため、褐色で固い材が残る）を起こす「褐色腐朽菌」が見られます。どちらの仲間かを調べるのが難しい場合は「木材腐朽菌」とされます。また特に落葉を分解する場合は「落葉分解菌」と呼ばれます。一方、共生菌の中でも菌根菌は生きている樹木や草の根と共生して暮らすキノコ達です。これらの区別は本図鑑のデータ欄で表記しています。多様な生き方をしているキノコ達は、分解・共生というそれぞれの生き方を通じて生態系の中で重要な役割を果たしているのです。

ナラタケモドキの根状菌糸束

白色腐朽菌による白腐れ

褐色腐朽菌による赤腐れ

落葉を分解しているクサウラベニタケの菌糸

知っておきたい
キノコ知識

芝生や公園はキノコのワンダーランド

山や高原にキノコ狩りに行くのは楽しいものですが、実は身近な場所でもたくさんのキノコに出会える場所があります。その代表が近所の公園です。公園内の草原や芝生が目当ての場所です。もちろん森や林に隣接していたり、日陰をつくる大きな木が何本かあればなおさら好都合。芝生や樹木と一緒に暮らすいろいろなキノコが見つかるのです。

地面に腰を下ろして眺めてみると、コムラサキシメジやコキイロウラベニタケ、アカヤマタケやベニヒガサ、チビホコリタケなどが生えています。よく湿った地面には可憐なコオトメノカサも目に入ってきます。クロハツモドキが群落をつくる場所では、夏から秋にかけて真っ黒になって枯れた子実体の上にヤグラタケが出てきます。

広い芝生では菌輪（フェアリーリング）も探してみましょう。目印は芝生が周囲よりも一段と濃い緑色になって大小の輪をつくっているところ。草が枯れはじめる時期がわかりやすいです。フェアリーリングをつくるキノコは50種以上が知られています。手入れの行き届いた芝生が広るゴルフ場にも様々なキノコが出現しますが、キノコが生えると見た目が悪く、また芝生を枯らすこともあるため、除菌剤の散布による駆除の対象となっています。

上）緑色が濃い所の地下に菌糸が広がる
下）そして季節になるとキノコ（コムラサキシメジ）が生じて菌輪をつくる

アカヤマタケ

ニオイワチチタケ

コムラサキシメジ

チビホコリタケ

コオトメノカサ

コキイロウラベニタケ

ベニヒガサ

ムジナタケ

知っておきたい
キノコ知識

里山で出会う猛毒・毒キノコ

　キノコ（菌類）は日本だけで約一万種以上が報告され、世界では百万種を超えると予想されています。日本菌学会の『日本産菌類チェックリスト２００９～２０２０年』によると、この十二年間に日本だけで三百種以上の新種・新産種が報告されています。

　キノコの多くは毒性がないか食毒不明です。その一方、『日本の毒きのこ』によれば少なくとも二百種が毒性を持つとされています。なかには死に至る強い毒性のキノコもあり、その多くは私たちの住む場所のすぐ近くでも見つかります。残念なことに姿・形から容易に毒キノコを見分けることはできません。毒キノコは一つ一つ覚えていくしかないのです。でも毒キノコの方が圧倒的に数が少ないのですから絶望する必要はありません。

　毒キノコの中には注目すべき特徴を持つものもあります。たとえば、子実体全体が白く、柄の途中にツバがあり、根元に明瞭なツボを持つキノコには、極めて毒性が強い猛毒菌が含まれます（シロタマゴテングタケやニオイドクツルタケ、フクロツルタケなど）。また赤や茶色の傘表面に白いイボがたくさんあるキノコも毒性が強いことが多いです（ベニテングタケやテングタケ、イボテングタケなど）。一方、温和な色にだまされる場合も少なくありません。良い例がツキヨタケやカキシメジ、クサウラベニタケ、ニガクリタケ、あるいはこの図鑑では取り上げていませんがコレラタケやジンガサドクフウセンタケなどで、いずれも毒々しさを感じさせません。白色のスギヒラタケも温和な顔をした毒キノコです。

　毒キノコで注意すべきは、たとえ長時間熱湯で煮炊きしても毒性は消えないものがあること。鍋料理で中毒するという事例が昔から数多く知られています。キノコを生で食べるのもやめるべきです。たとえば食用のシイタケであっても、生焼けを食べることで起こる「シイタケ皮膚炎」はとてもやっかいな皮膚病です。

毒　タマシロオニタケ(P75)

猛毒　フクロツルタケ(P74)

猛毒　ニオイドクツルタケ(

毒　テングタケ(P95)

猛毒　スギヒラタケ(P72)

毒　オオシロカラカサタケ(

毒　クサウラベニタケ(P97)

毒　クサハツ(P107)

毒　カキシメジ(P107

猛毒　カエンタケ(P31)

猛毒　ニセクロハツ

猛毒　ニガクリタケ(P4

知っておきたい
キノコ知識

覚えておきたい キノコ探しの要領

キノコ探しの7か条

1 林の中にむやみに入りこまない

木立の中は周囲が見えにくいですから、道沿いなど見通しのよい場所で探すのがキノコ探しには効率的です。近所の公園も実は絶好のポイントのひとつです。

2 お気に入りの場所に何度も通う

キノコの多くは一年のほとんどを菌糸の姿のまま地下で過ごし、わずかな期間だけ地上に子実体をつくります。通いやすい、お気に入りの場所を見つけたら、季節を変えて繰り返し同じ場所を訪れましょう。そのたびに違うキノコに出会えます。

3 目線を変える

キノコは地面近くに生えるので、花を探す時とは目線の高さが異なります。意識して目の焦点を地面の高さに合わせます。ただし、そうすると残念ながら咲いている草花の多くを見逃してしまうのですが。

4 ゆっくり歩く

少し腰をかがめて、地面の表面をあたかもなぎ払うかのように目を動かして探します。普通に歩く速度はキノコを探すには早すぎるのでゆっくり歩きます。

5 円形に注目

自然の中に円形のものはとても少なく、キノコの傘くらいです。網膜に映る円形のものに意識を集中し、見逃さないよう注意します。

6 ポリ袋には入れない

採取するさいはレジ袋など薄いポリ袋に入れると、蒸れたりキノコ同士がぶつかって壊れたりします。竹製のかごやマチの広い手提げの紙袋を利用します。

7 小分けする

異なる種類はできるだけ別の小袋にまとめましょう。八つ切りにした新聞紙や市販の紙袋、小分けできる容器などを用意します。小さいキノコはアルミホイルで軽く包むと壊れにくくお勧めです。

キノコを知るための5か条

1 詳しい人に頼る

独学ではなかなか進歩しません。観察会に参加することがキノコに詳しくなる近道であり、また王道でもあります。各地の観察会では、採集したキノコを最後に持ち寄って名前調べが行われ、他の人の採集品もその場で学ぶことができます。「キノコ観察会＋地域名」でネット検索すると各地の観察会の情報が得られます。

2 復習が効果的

教えてもらった同じキノコを、できればその日のうちに自分でも探してみましょう。なにごとも復習が大切ですし、自力で見つけられるとうれしいものです。

3 図鑑を精読

寝る前のひととき、キノコ図鑑のページを眺めましょう。なんども繰り返し見ることで記憶の回路が強化され、野外でも目の片隅に映ったキノコに気づけるようになります。それが「キノコ目《め》」への近道。警察官が雑踏の中で指名手配犯を見つけ出す「見当たり捜査」と同じ方法です。

4 複数の図鑑をそろえる

できればキノコ図鑑は何冊かそろえましょう。同じ種類のキノコも生える環境や時期で大きさや形、色が驚くほど変化します。ですから複数の図鑑の写真を見比べて、形や色がどれくらい変わるのかを理解しておくのがとても大切なのです。

5 ネットの活用

慣れてきたらこの図鑑に掲載したキノコ関連のウェブサイト（Ｐ１４２）を参考にするのもよいでしょう。ただし、ネット上には思い込みや校閲されていない間違った情報も多く、過度に信用しないことも大切な心構えです。

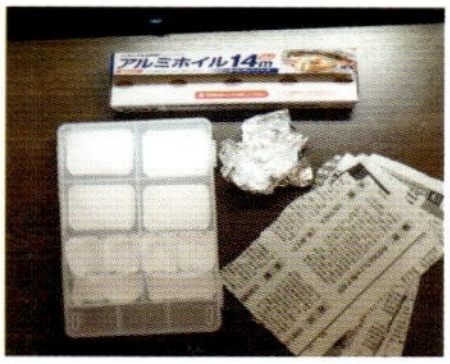

小分けのための工夫

特に小さなキノコの場合、壊れないように小分けして包んであげる必要があります。アルミホイルや新聞紙、あるいは100円ショップの小分け容器などいろいろと工夫してみましょう

撮影に使った機材

この図鑑の写真のほとんどは30mmマクロレンズで撮影しました。暗い場所では手ぶれを防ぐためストロボを使いますが、その時役に立つのが光をうまく散乱させてくれる「影とり」(Kenko)です

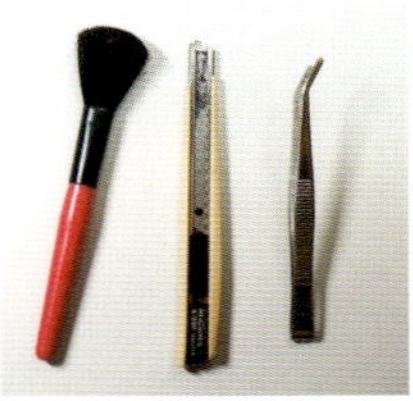

キノコの掃除道具

キノコの写真を撮るとき、邪魔なゴミや枯葉を刷毛やピンセットを使って取り払います。キノコの断面を観察するにはカッターナイフを使うと手軽で便利です

この図鑑の見方・使い方

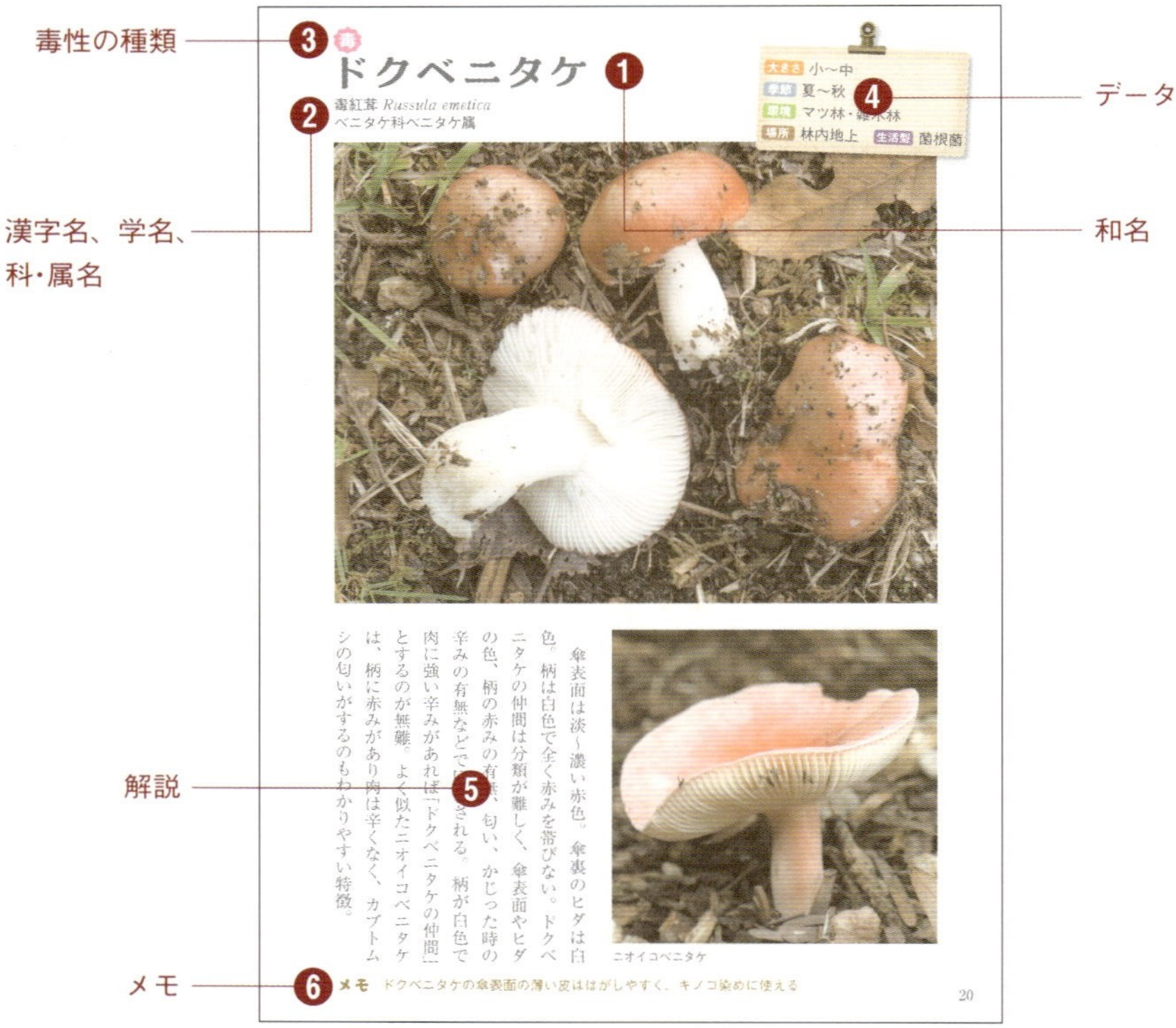
毒性の種類
3 毒
ドクベニタケ 1
2 毒紅茸 Russula emetica
ベニタケ科ベニタケ属
大きさ 小～中
季節 夏～秋
環境 マツ林・雑木林
場所 林内地上 生活型 菌根菌
4
データ
漢字名、学名、科・属名
和名
傘表面は淡～濃い赤色。傘裏のヒダは白色。柄は白色で全く赤みを帯びない。ドクベニタケの仲間は分類が難しく、傘表面やヒダの色、柄の赤みの有無、匂い、かじった時の辛みの有無などで
される。柄が白色で肉に強い辛みがあれば「ドクベニタケの仲間」とするのが無難。よく似たニオイコベニタケは、柄に赤みがあり肉は辛くなく、カブトムシの匂いがするのもわかりやすい特徴。
ニオイコベニタケ
解説 5
メモ 6 メモ ドクベニタケの傘表面の薄い皮ははがしやすく、キノコ染めに使える
20

❶カタカナ表記の和名、❷漢字表記と学名、科・属名、❸有毒種については中毒症状の強さによって猛毒・毒・注意（毒成分が最近報告されたり生で食べると中毒を起こすなどの注意が必要なもの）を記した。食用の可否については広く食用とされている場合を除いて表記を控えた。❹データ表記内に大きさ（極小、小、中、大、特大、巨大）、見つかる季節（春、梅雨、夏、秋、冬）、生育環境、どこに生育するか、栄養分を得る手段の違いを示す生活型（腐朽菌、菌根菌）を略記した。キノコのほとんどを占める担子菌《たんしきん》については特に表記せず、子嚢菌《しのうきん》についてのみそのように記した。毒性の有無については『日本の毒きのこ』、『おいしいきのこ毒きのこハンディ図鑑』に準拠している。❺解説としてそのキノコの特徴、名前の由来、近縁種との見分け方などを解説。❻解説で紹介しきれなかったエピソードやキノコの豆知識など。

目的のキノコの探し方

この図鑑はキノコ（子実体）の特に傘表面、稀にヒダの色を優先して配列されている。手元のキノコの名前を調べるには、まずは見た目の色で探し、それでも見つからなければ形の特徴で探してみる。

例　●赤くてカニのツメに似た形のキノコ → 赤・オレンジ色のページに掲載（サンコタケ）
●黒くて固い小さな球形のキノコ → 黒色のページに掲載（クロコブタケ）

各色の項にはシイタケのように傘裏が明瞭なヒダ状になるキノコだけでなく、スポンジ状の管孔になるイグチ類、サルノコシカケ類などの固いキノコ、少し変わった形のキノコなども含まれている。色で探しても見つからない場合は、「固い」、「丸い」あるいは「変な形」を参照する。

色で
すぐわかる
キノコ

キノコを学ぶ楽しさの一つは、
彼らが見せてくれる驚くばかりの色の多様さです。
キノコに親しむ際にもこれを利用しない手はありません。
まずはキノコの色を頼りに彼らの正体を探ってみることにしましょう。

タマゴタケ

卵茸 *Amanita caesareoides*
テングタケ科テングタケ属

大きさ	中〜大
季節	梅雨〜秋
環境	里山・雑木林
場所	地上
生活型	菌根菌

傘表面は赤から濃いオレンジ色、縁には条線が目立つ。傘が開くにつれ色が薄くなりやがてオレンジ色になる。傘裏のヒダは薄い黄色。柄は黄色でまだら模様があり、中空で折れやすく、上部に柄と同色の目立つツバがある。柄基部には幼菌時に包まれていた白色卵形の外被膜がツボとして残る。ときに山裾の公園などで大きな群落に出会うことがある。全体が黄色になるキタマゴタケ（P42）との区別が難しい個体がまれに見られることがある。

傘が開くと、オレンジ色が強くなる

並んで生えているのをよく見かける

メモ　低地で暖かい地域のものは、2024年にサトタマゴタケという独立種に分類された

毒

ベニテングタケ

紅天狗茸 *Amanita muscaria*
テングタケ科テングタケ属

大きさ	中〜大
季節	初夏〜秋
環境	冷温帯林
場所	地上
生活型	菌根菌

子実体は赤い傘と白い柄がよく目立つ。傘表面には白いイボが見られるが落ちやすく、縁に条線は見られない。傘裏のヒダは密で白色。柄の上部には目立つ白色のヒダがあり、基部は球根状に膨らむ。毒キノコの代表だが、シラカバやダケカンバなどカバノキ属の樹木と菌根共生するため低地や西日本には見られない。ナメクジやリス、シカなど多様な動物の餌となっている。小型のヒメベニテングタケは広葉樹林の林床に生育し、柄は黄色で傘表面と柄の基部は赤色。

小型のヒメベニテングタケ

メモ ハエに対する毒性が非常に強く、世界各地でハエ取りに使われていた

毒

ドクベニタケ

毒紅茸 *Russula emetica*
ベニタケ科ベニタケ属

大きさ 小～中
季節 夏～秋
環境 マツ林・雑木林
場所 林内地上　生活型 菌根菌

傘表面は淡～濃い赤色。傘裏のヒダは白色。柄は白色で全く赤みを帯びない。ドクベニタケの仲間は分類が難しく、傘表面やヒダの色、柄の赤みの有無、匂い、かじった時の辛みの有無などで区別される。柄が白色で肉に強い辛みがあれば「ドクベニタケの仲間」とするのが無難。よく似たニオイコベニタケは、柄に赤みがあり肉は辛くなく、カブトムシの匂いがするのもわかりやすい特徴。

ニオイコベニタケ

メモ　ドクベニタケの傘表面の薄い皮ははがしやすく、キノコ染めに使える

注意

ベニイグチ

紅猪口 *Heimioporus japonicus*
イグチ科ベニイグチ属

大きさ 大
季節 夏〜秋
環境 雑木林・針葉樹林
場所 地上　生活型 菌根菌

傘はもっと大きく広がることが多い

傘表面と柄がともに紅色、傘が開くと縁が非常に狭く白黄色に縁取られる。傘裏は管孔状で黄色、熟すとオリーブ色、傷つけるとわずかに青変性を示す。柄には隆起した編み目模様がある。夏の盛り、極めて高い確率で白いカビ（ヒポミケス菌の一種アワタケヤドリタケ。成熟すると黄色になる）に侵され異常な形になっているのを見かける。名前がよく似た毒キノコのアシベニイグチは柄がベニイグチと同じく紅色だが、傘表面はオリーブ色で子実体はときに非常に巨大になる。

アワタケヤドリタケに侵されたベニイグチの断面

メモ ベニイグチは傘両面の色の対比と柄の網目模様が美しい。毒性は不明なので注意が必要

アカヤマドリ

赤山鳥 *Rugiboletus extremiorientale*
イグチ科アカヤマドリタケ属

大きさ	大
季節	初夏〜秋
環境	雑木林
場所	地上
生活型	菌根菌

傘表面は濃いオレンジ色、傘が開くとひび割れ状模様になる。傘裏は管孔状で黄色、青変性はない。柄は太く、表面は薄いオレンジ色で黄褐色の細点が密布する。傘が開く前は色が濃くシワが多いのが特徴的で、成長して傘が広がるとパンのような弾力のある質感になる。数本がまとまって生えることがある。日本のイグチ類の中でも特に大型になる。傘が開いた子実体は虫に食われやすい。

並んで生えているアカヤマドリ幼菌

メモ なぜか山道の真ん中で、通せんぼをするように立つ姿をよく見かける

毒

アカヤマタケ

赤山茸 *Hygrocybe conica*
ヌメリガサ科アカヤマタケ属

大きさ 小
季節 夏～秋
環境 雑木林・草地・芝生
場所 地上　生活型 不明

若い子実体は黄色の柄が美しい

傘表面は赤色、傘裏のヒダは離生しオレンジ色。柄はわずかに縦筋があり透明感のある黄色。指で触れると黒くなりやすい。最終的には子実体全体が真っ黒に変色し新鮮な時とは全く異なる姿になる。人家の庭や芝生、草地に生えることが多い。よく似たトガリアカヤマタケは触れても黒く変色しない。

アカヤマタケの様々な成長段階。古くなると黒変する

メモ 古くなると干からびて黒くなるキノコはクロハツモドキやツチグリなど少なくない

ヒメカバイロタケ

姫樺色茸 *Xeromphalina campanella*
ガマノホタケ科ヒメカバイロタケ属

大きさ　小　季節　梅雨〜秋
環境　林内
場所　針葉樹朽木
生活型　木材腐朽菌

子実体は黄褐色〜オレンジ色。湿っている時は傘表面に条線が見られる。傘裏のヒダはまばらで柄にはっきりと垂生する。柄の上部は傘と同色、基部は褐色が強くなる。コケが生えているような、腐朽が進んだアカマツなどの針葉樹の切り株に群生するのを特によく見かけるキノコ。

裏側のヒダは柄に長く垂生する

メモ　和名は小さな（姫）、全体が樺色（赤みのある橙色）のキノコという意味

毒

ヒナノヒガサ

鄙ノ日傘 *Rickenella fibula*
ヒナノヒガサ科ヒナノヒガサ属

大きさ　小　季節　夏~秋
環境　コケ群落内
場所　地上
生活型　コケ寄生菌

傘は橙色~橙黄色、中央がくぼみ、条線がある。ヒダはまばらで白色、柄に長く垂生。傘と柄の表面に微細な毛（シスチジア）が密生する。コケ群落から生じる愛らしい小型のキノコ。同じようにコケ群落から生じるよく似たヒメコガサは、傘に条線が目立ち、中心部は多少とがってくぼむことがなく、傘裏のヒダはまばらで薄いオレンジ色で柄に垂生しない。また傘や柄表面の微毛は目立たない。

ヒメコガサの傘は中心が尖る

メモ　緑色のコケの群落とオレンジ色のキノコの色の対比が鮮やかでとても美しい

ダイダイガサ

橙傘 *Cyptotrama asprata*
タマバリタケ科ダイダイガサ属

大きさ 小　季節 梅雨～夏
環境 広葉樹林
場所 傷んだ枝や倒木
生活型 木材腐朽菌

傘表面は黄色～オレンジ色、イボ状の鱗片があって幼菌時よく目立つ。傘裏のヒダは白色。柄には傘と同色の鱗片がある。広葉樹の枯れた枝などに、いくつかのキノコが並んで生える。小さいが暗い林内でよく目立つ。夏のキノコ観察で見つけると嬉しくなる、かわいらしいキノコの代表。

メモ　小さいので、写真を撮る時に焦点を合わせるのがとても難しい

ハナガサイグチ

花笠猪口 *Pulveroboletus auriflammeus*
イグチ科キイロイグチ属

大きさ 小　季節 夏～秋
環境 雑木林・社寺林
場所 地上
生活型 菌根菌

子実体全体が黄色～オレンジ色。傘表面は多少毛羽立つ。傘裏は管孔になりはじめは薄い黄色。柄上部には縦長の網目がある。肉は黄白色で青変性は見られない。小型で美しいキノコ。

メモ　薄暗い林の中で出会うと、蛍光色的な鮮やかな色合いに驚かされる

毒

アカイボカサタケ

赤疣傘茸 *Entoloma quadratum*
イッポンシメジ科イッポンシメジ属

大きさ 中　季節 夏～秋
環境 雑木林
場所 地上
生活型 落葉分解菌

赤・オレンジ色

林床に広がる落葉の間から生える

傘表面は薄い橙色からサーモンピンク。傘の中心に小さなイボがあるが落ちやすい。傘裏のヒダは傘と同色でややまばら。柄は中空で少しねじれる。和名の「赤」というよりも、どちらかというと橙色に近い。夏から秋にかけて林内で非常によく見かけるキノコ。落葉を分解して栄養を得るため、手に取った時に菌糸の広がる落葉が一緒に持ち上がる。

メモ　イボカサタケの仲間には赤、白、黄、青の4色のキノコがあり、青色のソライロタケ以外は有毒

ダイダイイグチ

橙猪口 *Crocinoboletus laetissimus*
イグチ科ダイダイイグチ属

大きさ 中〜大
季節 夏〜秋
環境 広葉樹林
場所 地上　生活型 菌根菌

傘表面は鮮やかな橙黄色でほぼ平滑。傘裏は管孔になり同色。傘と同色の柄は太くずんぐりとしている。肉質は充実していて、手に持つと大きさの割に重く感じられる。独特の悪臭（カーバイドの硫黄臭）が強い。傷つけると即座に顕著な青変性を示すため字を書いて遊べる。ときに群生することがある。煮ると濃い煮汁が出て驚かされる。西日本に多い。

青変性を利用して名前を書いて遊べる

多数の子実体が群がって生えることが多い

メモ 独特の異臭は、古い世代には夜店のアセチレンランプを思い出させる

コガネキクバナイグチ

黄金菊花猪口 *Boletellus aurocontextus*
イグチ科キクバナイグチ属

大きさ 中
季節 夏〜秋
環境 コナラ・アカマツ林
場所 地上　生活型 菌根菌

赤・オレンジ色

傘表面は赤茶色の細かい鱗片が目立ち、肉は黄色。表皮が傘の縁から回り込んで裏側を包む姿が特徴的。傘裏は若い時は表皮で完全に覆われる。管孔は鮮やかな黄色で、傘の赤茶色との対比が美しい。柄上部には縦筋があり、基部は赤紫色。肉や管孔は強い青変性を示す。長く混同されたキクバナイグチはシイ・カシ林に生え、傘表面の鱗片が粗く肉は白色。似た場所に生えるセイタカイグチは傘表面が白色〜薄い灰色で、傘裏の管孔は当初黄色、後にオリーブ色。柄は長く赤茶色で、深くて縦長の白い網目模様が上から下まで見られる。肉は淡黄色で青変性はない。

セイタカイグチ　注意

メモ　若い時期に傘裏の管孔を守っていた表皮が傘の周囲に垂れ下がる

ベニナギナタタケ

紅長刀茸 *Clavulinopsis miyabeana*
シロソウメンタケ科ナギナタタケ属

大きさ 小〜中
季節 初夏〜秋
環境 雑木林
場所 地上　生活型 腐朽菌

子実体は紅色だが色あせしやすく、内部は中空で肉質は柔軟。先端は黒みがかっていることが多い。成長するとやや扁平になる。近年各地に増えている猛毒菌カエンタケと間違えられることが多いが、姿形はかなり異なる。本種の子実体はずっと小型で中空、全体がへなへなと柔らかく、断面を見ると中央部が空洞になっているのが重要な相違点。

ベニセンコウタケ

メモ　芝生や草地に生えるベニセンコウタケはさらに小型で折れやすい

猛毒

カエンタケ

火炎茸 *Trichoderma cornu-damae*
ボタンタケ科トリコデルマ属　子嚢菌

大きさ 小〜中
季節 夏〜秋
環境 広葉樹林
場所 地上　生活型 腐朽菌

子実体断面

子実体は赤く、一本の棒状から指に似た形に広がるなど、形状は変化に富む。断面は肉が白色で中身が詰まっている。カシノナガキクイムシとそれが媒介するナラ菌によって樹勢が衰えたミズナラやコナラなど、大木の周囲の地面から群がって生じることが多い。暖かい地方の菌類で以前は温帯域では珍しかったが、近年のナラ枯れの広がりとともに北上を続けている。食べると強い毒性をもつだけでなく、皮膚刺激性の毒をもつことが報告されている。野外での被害例の報告はないがうかつに長時間触るのは避けたい。

メモ　ベニナギナタタケより大型で太く、子実体は折れやすく断面が白色で中実な点が異なる

サンコタケ

三鈷茸 *Pseudocolus fusiformis*
アカカゴタケ科サンコタケ属

大きさ 小
季節 梅雨〜秋
環境 林地・竹林・路傍
場所 地上　生活型 腐朽菌

黄色形

赤色形

白くて卵状の幼菌（菌蕾）から伸び出た子実体は三本の腕に分かれ、上部でつながる。赤色と黄色の二つのタイプがある。腕の上部内側には、胞子を含む黒色で粘液状のグレバが生じる。小型だが色鮮やかでよく目立つ。グレバの悪臭は強烈で、治療せず放置した歯周病のよう。鼻を近づけて試すたびに激しく後悔することになる。

メモ 強い臭いで存在に気づかされることも多い。「三《さん》鈷《こ》」は密教で用いる仏具の一種

ツノマタタケ

角又茸 *Dacryopinax spathularia*
アカキクラゲ科ツノマタタケ属

大きさ 小　季節 通年
環境 林内・路傍・人家
場所 朽倒木・建築材
生活型 褐色腐朽菌

湿った状態

乾燥した状態

子実体は黄色〜橙色、軟骨状ニカワ質。柄の上部はへら形〜扇形で水かき状に広がることがあり、片側に目立たない子実層がある。短い柄が見られる。子実体は乾燥すると縮んで固くなる。各種倒木上や木製ベンチなどの割れ目に沿って群生し、木造建築の建材から発生することもある。新鮮な時は黄色だが、乾燥すると子実層の反対側は橙赤色が目立つようになる。

メモ 木製の手すりや階段などから生じることも少なくない

アラゲコベニチャワンタケ

荒毛小紅茶碗茸 *Scutellinia scutellata*
ピロネマキン科アラゲコベニチャワンタケ属　子嚢菌

大きさ 極小　季節 初夏〜秋
環境 各種林縁・路傍
場所 土上・朽倒木
生活型 腐朽菌

子実体は非常に小さく、紅色というより橙色の小さなお椀形。縁には人の睫毛のように黒く短い毛が密生する。地面に目を近づけないと気づけないが、実はありふれた子嚢菌。雑木林内の道沿いなどで、沢沿いの露出した地面を探すと見つかる。

メモ　いくつものよく似た種があり、正確な同定はとても難しい

ヒイロタケ

緋色茸 *Pycnoporus coccineus*
タマチョレイタケ科シュタケ属

大きさ 中　季節 通年　環境 広葉樹林
場所 朽倒木　生活型 白色腐朽菌

材に広がるヒイロタケの朱色の菌糸が見えている

子実体は扁平で固く、基部で材にしっかりと固着する。傘表面は鮮やかな朱色〜鮮紅色でやや光沢がある。傘裏は極めて目の細かい管孔状で、傘表よりも薄い色あいとなる。通常の菌類の場合、高温は菌糸の成長に大敵だが本種は例外で、他のキノコが生育できない直射日光に曝される場所に積み上げられた材木上にも旺盛に生育しているのをよく見かける。子実体が生じた材を見ると朱色の菌糸が広がる様子が観察できる。

メモ　よく似たシュタケは傘裏の管孔の目が粗く、北方系で山地に多く見かける機会が少ない

ハナオチバタケ

花落葉茸 *Marasmius pulcherripes*
ホウライタケ科ホウライタケ属

大きさ 小　季節 初夏〜秋
環境 雑木林林縁
場所 地上
生活型 落葉分解菌

褐色型

傘表面は淡紅色〜紫紅色、あるいは薄い褐色で、放射状の深い溝がある。傘裏のヒダは小数で白色（傘表面の色を反映して薄い紅色に見える）。柄は黒く頑丈で切れにくい。柄の基部には白い菌糸があって落葉の上に広がっている。傘色には紅色型と褐色型の二つのタイプが知られている。柄が針金状でしっかりとしているホウライタケ属の仲間には多数の種が知られている。落葉や落枝を分解する菌類の代表で、柄を指で持ち上げると、養分を吸収するために菌糸を広げて分解しつつある落葉が一緒についてくる。形や大きさが似たスジオチバタケは傘表面が淡黄色で放射状の溝は褐紫色である。

スジオチバタケ

メモ 地域によって色に偏りがあるようで、著者が住む地域では褐色型が多い

サクラシメジ

桜占地 *Hygrophorus russula*
ヌメリガサ科ヌメリガサ属

大きさ 中～大　季節 秋
環境 雑木林
場所 地上
生活型 菌根菌

撮影：坂田洋子

傘は暗赤色～薄い赤ワイン色で、縁に向かって白みが増す。傘表面は湿っている時に少し粘性がある。傘裏のヒダはやや垂生、初め白色、次第に赤い斑点が広がる。柄は中実で固く、表面に赤色の斑点がある。林床に一列に並んだ群落をつくるので見つかれば一度にたくさん採取できるが、傷つけたり採集から時間がたつと傷みやすく赤褐色に変色するので注意が必要。湯の中で加熱すると桜色が抜けて黄色みを帯びる。針葉樹林にはよく似たサクラシメジモドキが生える。

収穫時に乱暴に扱うと、すぐに茶褐色に変色して傷みやすい

メモ 菌根菌の仲間だがマツタケとは異なり、厚く落葉が堆積した場所を好む

チシオタケ

血潮茸 *Mycena haematopus*
クヌギタケ科クヌギタケ属

大きさ 小　季節 夏〜秋
環境 広葉樹林
場所 広葉樹の朽倒木
生活型 木材腐朽菌

傘は釣鐘形でピンク色、縁には白い縁飾りがある。傘裏のヒダはややまばらで白みを帯びる。柄は傘表面と同色。腐朽した倒木を探すと見つかり、数本が束になって生える。新鮮なキノコの傘を傷つけると、みるみるうちに赤い汁が湧き出るのが（写真上左）和名の由来。細い繊維状の柄が密生するタケハリカビに侵されていることがある。同じクヌギタケ属のアクニオイタケは、春先まだ他にキノコがあまり出ていない時期に出会える貴重な小型のキノコで、針葉樹の腐朽材から生える。材の中に隠れた柄の基部に白色菌糸が目立つのが見分けるうえでのよい特徴。

柄基部に菌糸が目立つアクニオイタケ

メモ　やや普通に見られ、腐朽の進んだ倒木幹を丁寧に探すと見つかることが多い

キツネタケ

狐茸 *Laccaria laccata*
ヒドナンギウム科キツネタケ属

大きさ 小　季節 夏〜秋
環境 林床・林縁・草地
場所 地上
生活型 菌根菌

桃・薄橙色

カレバキツネタケ

傘表面は黄褐色、縁に条線がある。傘裏のヒダはややまばらで赤紫色、直生からやや垂生。柄は傘と同色で縦に伸びる繊維状の模様があり、基部に紫色の菌糸はもたない。カレバキツネタケはより大型で薄茶色、乾くと灰白色となり、傘表面にはっきりとした条線が目立つ。

メモ　柄の基部に紫色の菌糸があるのはアンモニア菌のオオキツネタケ

アミタケ

網茸 *Suillus bovinus*
ヌメリイグチ科ヌメリイグチ属

大きさ　小〜中
季節　初秋
環境　アカマツ林
場所　地上　生活型　菌根菌

傘表面はやや赤みのある黄土色、ヌメリがある。傘裏は管孔状で網目状。柄は傘と同色、中実で固く折るとポキッと音がする。熱湯に入れるとすばやく赤紫色に変色する。兵庫県ではシバハリと呼ばれ、一度乾燥させたあとに黒豆と一緒に炊くのが定番。オウギタケが混じって生えていることが多く、地下部でアミタケの菌糸に寄生しているとされる。

成熟すると傘はそり返る

メモ　人気のキノコで探す人が多く、大きな群落に出会った時の喜びは格別

毒

フジウスタケ

富士臼茸 *Turbinellus fujisanensis*
ラッパタケ科ウスタケ属

大きさ 中　季節 夏～秋
環境 モミ・ツガ林・広葉樹との混交林
場所 林内路傍の地上　生活型 菌根菌

子実体は薄紅がかった淡い黄土色～淡褐色、中央部が深く凹んだ漏斗状になり、内側には鱗片状のささくれが発達する。外側には深い縦じわ状のヒダが長く柄に垂生する。和名は富士山に産することに由来するが、それ以外の場所でも普通に見られる。近年の研究により、形のよく似た複数の種から成り立つことが判明している。

メモ　近縁のウスタケは亜高山帯に生育し、ずっと赤みが強い

ハナビラニカワタケ

花弁膠茸 *Phaeotremella foliacea*
ファエオトレメラ科ファエオトレメラ属

大きさ 中
季節 春～秋
環境 広葉樹林　場所 朽木
生活型 寄生菌

子実体全体が八重咲きの花弁状に多数の裂片が重なり合い、薄いピンク色で膠質。新鮮な時は色形ともに美しいが、乾燥すると縮んで固くなる。広葉樹の枯れ木上に生じるが木材腐朽菌ではなく、シロキクラゲ（P82）と同様に他の菌類に寄生して栄養を得ている。

メモ　よく似て子実体が茶褐色～暗褐色になるのはクロハナビラニカワタケ

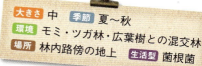

column 1

虫とキノコの深い関係

柄の内部を食い荒らすキノコバエの幼虫

ウスヒラタケを食べる昆虫

虫の出入り口で穴だらけのノウタケ

ヌメリイグチを食べる菌食性ハネカクシ類

昆虫やその他の小動物にとってキノコはとても大切な食料です。成長したヌメリイグチの傘裏には菌食生イクチオオキバハネカクシの出入り口の穴が見えます。食べ物とすみかをヌメリイグチに提供してもらっているのです。近畿地方ではムラサキシメジの膨らんだ根元には、ほぼ必ずミールウォーム（ゴミムシダマシ類の幼虫）が巣くっています。ウラベニホテイシメジも食べられやすいキノコで、傘や柄の中にウジ虫（キノコバエやキノコショウジョウバエの幼虫）がうごめいています。ヒトクチタケのように自ら穴を開けてすみかを提供するキノコもあります。キノコの子実体が地表に現れるのは一年のうち限られた時期だけ。大好きな子実体がない間、彼らは土の中に広がる糸状の菌糸を探して食べているのかもしれません。

アキヤマタケ

秋山茸 *Hygrocybe flavescens*
ヌメリガサ科アカヤマタケ属

大きさ 小　季節 秋
環境 各種林内・公園林下・草地
場所 地上　生活型 不明

黄色

透明感のある鮮やかな黄色の小型キノコ。傘には条線があり多少の粘性がある。傘裏のヒダはややまばらで黄色みを帯びる。柄は傘と同色で中空。秋の深まりを告げる美麗なキノコで、草地などに子実体が並んでまばらな群落をつくって生える。

乾くと少しオレンジ色を帯びる

草地に生えた群落の様子

メモ 子実体、特に柄はとても壊れやすいので扱いは丁寧に

キタマゴタケ

黄卵茸 *Amanita kitamagotake*
テングタケ科テングタケ属

大きさ 大　季節 梅雨～秋
環境 草地・林内
場所 地上
生活型 菌根菌

頭を出した幼菌の姿

傘中央は橙黄色～黄土色、縁は黄色で明瞭な条線がある。傘裏のヒダは黄色。柄も黄色で表面にまだら模様があり、ツバは濃い黄色。柄の基部に幼菌時の名残の白いツボがある。黄色のタマゴタケ類の見分けは難しく、赤いタマゴタケにも稀に黄色になるものが知られ、また別種のチャタマゴタケにも黄色型がある。後者は傘の中央が薄茶色になるのが特徴だが、キタマゴタケと見分けるのは難しいとされる。猛毒菌のタマゴタケモドキとの区別も簡単ではなく、柄の色の違いに注目するなど見分けには特に注意が必要。

タマゴタケモドキ　猛毒

メモ 赤い色の普通のタマゴタケ(P18)と比較してキタマゴタケに出会う機会はずっと少ない

猛毒

ニガクリタケ

苦栗茸 *Hypholoma fasciculare*
モエギタケ科ニガクリタケ属

大きさ 小〜中　季節 通年
環境 各種林内
場所 朽倒木、切り株
生活型 白色腐朽菌

傘表面は硫黄色で中央は橙褐色。傘裏のヒダは密で淡黄色、後にオリーブ色で暗緑色が混じる。柄は細くて傘と同色、上部に蜘蛛の巣状皮膜がよくつく。肉は苦みが強い。極めて普通に見られ、他のキノコが少ない時期によく目立つ。特に伐採した木が積み上げられている場所に群生することが多い。大きさや形、苦みの程度にかなりの変異が見られ、近年の分子系統解析や化学成分の研究からは複数の種から成り立つことが報告されている。

傘裏のヒダは多少とも緑色を帯びるのが特徴

メモ　名前は「苦い」クリタケ（P109）だが、姿はあまり似ていない

ベニヒダタケ

紅襞茸 *Pluteus leoninus*
ウラベニガサ科ウラベニガサ属

大きさ	小〜中
季節	初夏〜初冬
環境	雑木林・ブナ林
場所	朽倒木、おがくず
生活型	木材腐朽菌

傘ははじめ釣鐘形でのちに平らに開き、中央部に少しシワがある。傘表面は鮮やかな黄色。傘裏のヒダは密で、薄い紅色。黄色と紅色のコントラストが美しいが、裏側のヒダの様子をしっかりと確かめる必要がある。柄はわずかに黄色みのある白色で斜めの筋があり、基部は薄茶色になる。

傘が開く前のベニヒダタケの様子

メモ 腐朽の進んだ倒木や切り株などにパラパラと生え、ヒダが薄い紅色になるのが特徴

毒

キシメジ

黄占地 *Tricholoma flavovirens*
キシメジ科キシメジ属

大きさ 中　季節 秋
環境 広葉樹林・公園
場所 地上　生活型 菌根

子実体全体が黄色で、柄はやや淡色。傘裏のヒダは黄色で密、湾生〜離生する。柄は太くてしっかりしている。色や姿形がそっくりなシモコシは、晩秋に海岸クロマツ林下に発生するが同種とする見解がある。以前は食用とされたが、横紋筋融解症を引き起こす成分を持つことが分かっている。

メモ　キシメジとシモコシは最近になってどちらも毒キノコであることが判明した

毒

タマアセタケ

玉汗茸 *Inocybe sphaerospora*
アセタケ科アセタケ属

大きさ 中　季節 初夏〜秋
環境 ブナ科広葉樹林
場所 地上　生活型 菌根菌

傘は淡黄色だが中央は茶褐色を帯び、傘表面に縁に向かって放射状に広がる繊維状のひび割れ模様が見られる。傘裏のヒダははじめ黄色だが胞子が熟すと褐色になる。柄は太く淡い黄色で、表面に多少茶色の繊維が見られる。和名の「タマ」は、トゲのない類球形の胞子をもつことに由来する。判別のために湯で煮るとすばやく赤く変色する点も、キシメジとの違いとして重要とされる。

メモ　キシメジに間違えやすいが、傘表面にある茶色の繊維が肉眼で見分けるポイント

注意

コガネタケ

黄金茸 *Phaeolepiota aurea*
ハラタケ科コガネタケ属

大きさ 中〜大　季節 夏〜秋
環境 雑木林・竹林・庭
場所 地上
生活型 腐朽菌

傘は大きいもので直径15cmに達し、黄土色から黄金色。傘裏のヒダは密ではじめ淡黄色、胞子が熟すと濃い茶色になる。柄は長く伸びて上部に膜質でよく目立つ黄土色〜黄褐色のツバがひろがるのはハラタケ科に共通する特徴の一つ。傘と柄の表面は黄土色の微細な粉で覆われる。この粉を食べると消化不良を起こすとされる。子実体には少し汗臭いような癖のある臭いがあるが、火を通すと消えるという。ときに非常に大きな群落をつくり、多数の大型の子実体が群生することがある。

子どもの頭くらいに大きくなる

メモ　黄土色の粉は落ちやすく、キノコを持った手を汚しやすい

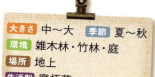

コガネキヌカラカサタケ

黄金絹唐傘茸 *Leucocoprinus birnbaumii*
ハラタケ科キヌカラカサタケ属

大きさ 小　季節 初夏〜
環境 雑木林・植木鉢
場所 地上
生活型 腐朽菌

撮影 坂田洋子

傘は黄金色〜淡黄色、表面に薄い茶色の小鱗片があり、縁には放射状の条線が見られる。傘裏のヒダは離生し、密で淡黄色。柄には早くに落ちるツバがある。なぜか室内で育てている観葉植物の鉢土からの発生がよく報告されている。神出鬼没ゆえ薄気味悪く感じる人も多いが無害なキノコ。

メモ　傘が開く前のつぼみの状態がかわいらしい

キツネノハナガサ

狐ノ花笠 *Leucocoprinus fragilissimus*
ハラタケ科キヌカラカサタケ属

大きさ 小　季節 夏〜秋
環境 林内・竹林・庭
場所 地上
生活型 腐朽菌

指で触るとすぐに壊れてしまうほど脆弱で繊細なキノコ。傘は浅い黄色で中央は濃く、放射状の条線が目立つ。傘表面と柄に黄色の粉が付着する。傘裏のヒダは白色でまばら。柄の真ん中付近に膜質のツバがある。

メモ　学名の種小名の意味は「最も壊れやすい」。ガラス細工のような華奢な姿を示す

ウコンハツ

鬱金初 *Russula flavida*
ベニタケ科ベニタケ属

大きさ 中　季節 夏～秋
環境 雑木林
場所 地上　生活型 菌根菌

傘表面と軸がともに美しい鬱金色(黄金色)なのが名の由来。傘裏のヒダは白色。肉も白色。乳は出ず、不快な臭いがする。群れずに一本だけでひっそりと木陰に生えるのをよく見かける、孤独が好きなキノコ。白いヒダの色はベニタケ科に共通の特徴。

メモ　ウコンは別名ターメリック。インド原産のショウガ科の多年草で黄金色、カレー粉の原料

毒

キイボカサタケ

黄疣傘茸 *Entoloma murrayi*
イッポンシメジ科イッポンシメジ属

大きさ 中　季節 初夏～秋
環境 雑木林
場所 地上　生活型 腐朽菌

傘は鮮黄色～橙黄色、中央にイボ状の突起があるが落ちやすく、縁に長い条線が見られる。傘裏のヒダはややまばらで傘と同色。柄も同色でしばしば少しねじれ、中空。落葉や腐植から生じる。

メモ　成熟しても傘は平らに開かず半開きのままでとどまる

毒

キイロイグチ

黄色猪口 *Pulveroboletus ravenelii*
イグチ科キイロイグチ属

大きさ	中
季節	初夏〜秋
環境	針葉樹・広葉樹林
場所	地上
生活型	菌根菌

子実体は全体が鮮やかな黄色。傘表面や柄基部は茶色の綿毛で覆われることがある。傘裏は管孔状で当初は黄色、後に暗褐色になる。若い時は管孔は黄色の薄い膜で覆われ、成長するとその膜が柄の上に残骸として残る。柄は傘と同色。肉は淡黄色で、管孔とともに強い青変性がある。傘表面にウロコ状の茶色の鱗片が目立つのは別種のウロコキイロイグチで、キイロイグチと同じような環境に生え、青変性を示すのも同様。

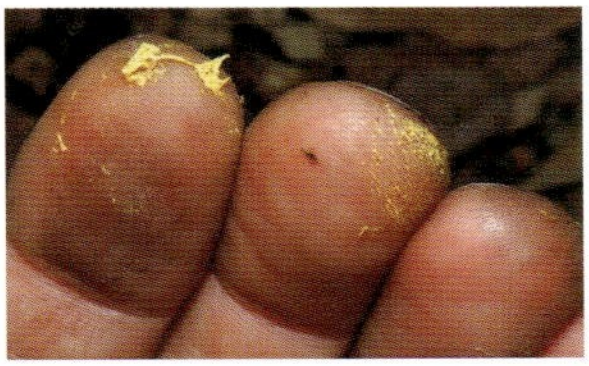

黄色の粉は手につきやすい

ウロコキイロイグチ

メモ 全体が黄色の粉まみれで、キノコを持つ手を汚しやすい

アワタケ

泡茸 *Xerocomus subtomentosus*
イグチ科アワタケ属

大きさ 小〜中　季節 夏〜秋
環境 広葉樹林
場所 地上
生活型 菌根菌

キッコウアワタケ

傘表面は淡褐色フェルト状、ときにひび割れて黄色の地色が見える。傘裏の管孔は目が粗く鮮やかな黄色、弱い青変性がある。柄は淡赤褐色。よく出会う小型のイグチ類だが、いくつもの似ている種があり肉眼での識別は難しい。傘表面のひび割れが強く、地色が紅色なのはキッコウアワタケ。

メモ　傘裏がスポンジ状になるイグチの仲間のなかで、管孔の目がやや粗いのが特徴

注意

アンズタケ

杏茸 *Cantharellus anzutake*
アンズタケ科アンズタケ属

大きさ 小〜中　季節 夏〜秋
環境 各種林内
場所 地上
生活型 菌根菌

子実体は黄色で大きさにかなりばらつきがある。傘裏のヒダの間には細かい連絡脈をもつ。毎年同じ場所に菌輪をつくる。フランスではジロールと呼ばれる。映画『かもめ食堂』では、迷い込んだフィンランドの森で出会うキノコ。セシウム137などの放射性同位元素を特異的に蓄積する性質をもつ。トキイロラッパタケの子実体は朱鷺色から淡黄色、ときに白い個体もあり、姿形はアンズタケに似るがずっと小型で傘裏のヒダの彫りが浅い。

アンズタケの菌輪

トキイロラッパタケ（白色型）

メモ 杏（あんず）の香りが和名の由来。2019年に日本産アンズタケは独立種とされた

毒

キホウキタケ

黄箒茸 *Ramaria flava*
ラッパタケ科ホウキタケ属

大きさ 中～大　季節 夏～秋
環境 モミ・ツガの混じる林
場所 地上
生活型 菌根菌

子実体はたくさんの細い枝が分枝して箒状、薄い紅色～レモン色、成熟すると硫黄色で根元は薄い黄色～白色。肉は白色で傷つくと赤変する。ホウキタケ属は種類が多く、多様な色を見せてくれる。形は似るが遠縁のフサヒメホウキタケ（マツカサタケ科）はマツなどの針葉樹の切り株や倒木に生え、子実体は淡桃色～淡褐色、よく分枝した枝の先端は子ネズミの足先に似た形でかわいらしい。

フサヒメホウキタケ

メモ　黄色でよく枝分かれするキホウキタケの子実体は、薄暗い林床でとてもよく目立つ

ナギナタタケ

長刀茸 *Clavulinopsis fusiformis*
シロソウメンタケ科ナギナタタケ属

大きさ 小　季節 夏～秋
環境 各種林内、草地
場所 地上
生活型 不明

黄色

子実体は黄色～橙黄色、細長い棒状で枝分かれせず、数本から十数本が束になって生える。ときにやや扁平になり中央に縦筋が見られる。古くなると先端が赤みを帯びた褐色になる。肉は黄色で肉質はもろくない。子実体の色が赤いベニナギナタタケ（P30）と形がよく似ている。

単生するキソウメンタケ

メモ よく似たキソウメンタケは１本ずつ生え、子実体基部が少し細くなる点が異なる

ビョウタケ

鋲茸 *Bisporella citrina*
ビョウタケ科ビョウタケ属　子嚢菌

大きさ 極小　季節 通年
環境 各種林内
場所 朽木・落枝
生活型 木材腐朽菌

子実体は全体に黄色で赤みを帯びず、短い柄があり上部は浅い皿状。横から見ると白くて短い柄があるが無いこともある。直径3㎜以下の小型菌で、形がよく似た近縁種が多く、識別には顕微鏡での観察が必要。

ニセキンカクアカビョウタケ

メモ　よく似たニセキンカクアカビョウタケは、子実体がオレンジ色で上部はくぼまない

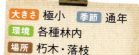

カンムリタケ

冠茸 *Mitrula paludosa*
ビョウタケ科カンムリタケ属　子嚢菌

大きさ　小
季節　早春～5月下旬、秋
環境　林内
場所　浅い水流沿い
生活型　落葉分解菌

黄色

子実体の頭部は黄色～橙黄色。柄は細く透明感のある白色。雑木林内の湿地や浅い流れに沿って多数の個体が大きな群落をつくる。同じ群落が長期間にわたって子実体をつくりつづける傾向がある。林内の浅い流れ沿いに群生し、水中の腐った落葉や細い落枝から生じる。

頭部の拡大

浅い流れに沿って群落が広がる

メモ　水辺の水中から生える黄色で小型のキノコとしては、他にピンタケがある

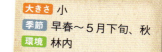

column 2

キノコと変色性

ハツタケ

ダイダイイグチ

アカヤマタケ

クロハツ

キノコに指で触れたりナイフで傘や柄を切ったりすると、驚くほど短時間で断面や傷口の色が変化することがあります。赤変、褐変、黒変など色の違いはありますが、どの色に変わるかはキノコの種類によって決まっています。たとえばバリエガト酸という黄色の色素を持つキノコを傷つけると、空気中の酸素によって急速に酸化して青くなります。これは青変性と呼ばれる性質です。青変性は傘裏がスポンジ状の管孔になるイグチの仲間に特に多く見られ、ダイダイイグチでは文字を書いて遊んだりもできます。ハツタケはヒダから染み出た乳液がゆっくりと緑青色に変化します。ベニタケ科のクロハツは傷つくとまず赤変しそれから徐々に黒変します。古くなると次第に真っ黒で固くなるアカヤマタケのようなキノコも少なくありません。

注意

ムラサキシメジ

紫占地 *Lepista nuda*
キシメジ科ムラサキシメジ属

大きさ 中　季節 秋〜晩秋
環境 広葉樹林
場所 地上
生活型 落葉分解菌

紫色

子実体は見事な紫色だが色あせしやすい。傘表面の中心は少し茶色みを帯びる。傘裏のヒダは密で紫色、胞子が熟しても褐色を帯びない。柄はやや白みを帯びた紫色で中実、基部がフウセンタケの仲間のように膨らむ。関西の北摂地域では膨らんだ柄基部にゴミムシダマシ科（甲虫）の幼虫がトンネルを掘って潜んでいるが、他の地域では見かけないとのこと。毎年同じ場所に一列に並んで生えるが、晩秋の落葉に埋もれて見つけにくい。よく似た毒キノコのウスムラサキシメジと間違えないように注意が必要。

落葉に身を隠すように並んでいる

根元に潜む体長10㎜ほどの幼虫

メモ 信州ではうどんの具にする。生では中毒を起こすので注意が必要

カワムラフウセンタケ

川村風船茸 *Cortinarius purpurascens*
フウセンタケ科フウセンタケ属

大きさ 中（〜大）　季節 夏〜秋
環境 広葉樹・針葉樹林
場所 林縁・地上
生活型 菌根菌

傘表面は茶褐色。傘裏のヒダは密、紫色。胞子が成熟すると褐色になる。柄は太くて淡い紫色、表面に縦の繊維が目立ち、基部が塊茎状に大きく膨らんでいる様子が「風船」に見立てられている。子実体を裂くと肉が紫色に変色する。傘の茶色とヒダと柄の紫色のコントラストが、他のキノコには見られない大きな特徴。別属サックステロガステル属に分類することが最近提唱された。

特に根元が風船のように膨らんだ個体

メモ　菌類研究に大きな業績を残した川村清一博士を記念した和名がつけられている

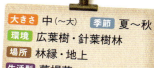

コムラサキシメジ

小紫占地 *Lepista sordida*
キシメジ科ムラサキシメジ属

大きさ 小（〜中）
季節 梅雨〜秋
環境 芝生・竹林・路傍
場所 地上　生活型 腐朽菌

紫色

子実体は肉が薄く少しもろい。傘表面は淡い灰色がかった紫色、雨に当たると水を吸って中心部が白っぽくなる。傘裏のヒダも同色、成熟すると褐色。柄はやや茶色がかる。特有の鼻を刺す香りが強い。大小様々な菌輪をつくり、菌輪は年々外側に広がって大きくなる。芝生にとって有害な「フェアリーリング病」の原因菌であり、キノコのない季節でもそこだけ濃いままの葉の色で、リングの存在がよくわかる（P10）。

芝生に菌輪をつくり毎年少しずつ環の大きさを広げる

メモ 同じ場所に何年も続けて生えるが、雨の降り方などで出現時期が異なる場合がある

ウラムラサキ

裏紫 *Laccaria amethystina*
ヒドナンギウム科キツネタケ属

- 大きさ　小　季節　夏〜秋
- 環境　林内
- 場所　地上
- 生活型　菌根菌・アンモニア菌

子実体は学名のごとく紫水晶を思わせる美しい紫色だが変異が大きい。傘表面は縁に条線があり、中央がくぼむ。傘裏のヒダは疎、紫色。同色の柄は中実で縦筋の模様がある。動物の糞尿跡からも生える。

メモ　傘表面は色褪せて茶色っぽくなりやすいが、ヒダは濃い紫色を保つ

ムラサキフウセンタケ

紫風船茸 *Cortinarius violaceus*
フウセンタケ科フウセンタケ属

- 大きさ　中〜大
- 季節　夏〜秋
- 環境　雑木林・ブナ林
- 場所　地上　生活型　菌根菌

子実体は青みを帯びた紫色から黒みを帯びた赤紫色まで大きな変異が見られる。傘表面に微細なささくれ模様がある。傘裏のヒダは暗紫色、のちに褐色。柄は比較的長く基部が膨らむ。

メモ　子実体の色、特に黒みの程度は個体差がとても大きい

ムラサキヤマドリタケ

紫山鳥茸 *Boletus violaceofuscus*
イグチ科ヤマドリタケ属

大きさ 大　季節 夏〜秋
環境 里山の雑木林など
場所 地上
生活型 菌根菌

傘表面は紫色、あるいは黄色の混じるまだら模様。傘裏は管孔状ではじめ白色、後に黄褐色。柄は暗紫色から赤紫色で編目模様がある。ヤマドリタケモドキと同所的に生える場合、似た傘表面の色と模様になることがある。

メモ　傘や軸が薄い茶色のヤマドリタケモドキよりもずっと珍しい

ブドウニガイグチ

葡萄苦猪口 *Tylopilus vinosobrunneus*
イグチ科ニガイグチ属

大きさ 中〜大
季節 夏〜秋
環境 ブナ科広葉樹林
場所 地上　生活型 菌根菌

傘表面はビロード状で薄い赤紫色（赤ワイン色）。傘裏は管孔状ではじめ白色、胞子が成熟すると淡赤褐色。傷つけると褐色に変色するのがわかりやすい特徴。柄は傘と同色で網目模様はない。肉はとても苦い。

メモ　ニガイグチという名前がつくキノコはどれも、肉をかじると苦味を非常に強く感じる

ムラサキホウキタケ

紫箒茸 *Clavaria zollingeri*
シロソウメンタケ科シロソウメンタケ属

大きさ	小
季節	梅雨〜秋
環境	各種林内
場所	地上
生活型	不明

ムラサキナギナタタケ

ムラサキホウキタケ

子実体は赤紫色〜青紫色。成長にともなって色が褪せてゆく。枝は数回分枝してサンゴ状になり、先端はあまり細くならず、断面は円筒形。肉質はたいそうもろくて子実体は壊れやすい。色と形がよく似た種類があるため区別が難しい。同じシロソウメンタケ属のムラサキナギナタタケは、ほとんど枝分かれすることがなく先端が細く尖る。ムラサキホウキタケモドキは、形は似るが遠縁のカレエダタケ科のキノコで、分枝が少なく枝先が細く尖り、白色のカレエダタケに似ている。

ムラサキホウキタケモドキ

メモ ムラサキホウキタケの数回分枝して広がる様子が「箒」に見立てられる。英名はviolet coral

ハカワラタケ

歯瓦茸 *Trichaptum biforme*
タマチョレイタケ科シハイタケ属

大きさ　小～中　季節　通年
環境　広葉樹林
場所　枯木・腐朽木
生活型　白色腐朽菌

紫色

子実体は無柄で扇形～半円形、質は薄い。傘表面は白色～淡灰褐色、微毛を密生し、同心円状の環紋があり、縁部が狭く紫色に彩られる。傘裏ははじめ浅い管孔状で、孔壁が裂けて薄い歯牙状。傘裏と縁部が紫色を帯びる。極めて普通に見られ、広葉樹の枯木表面に多数の子実体が広がる。変異が大きく近縁種との識別が難しい。形がよく似て区別が難しいシハイタケやウスバシハイタケは針葉樹（アカマツやモミ、トドマツなど）に生じる。

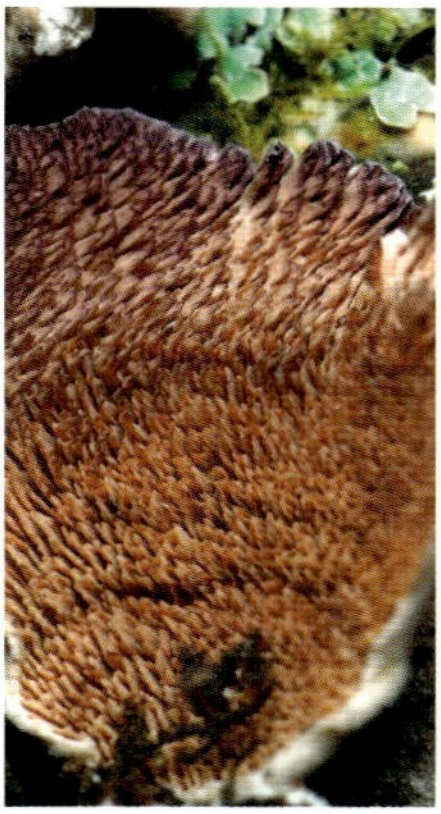

成長につれて傘裏は
歯が目立つことが多い

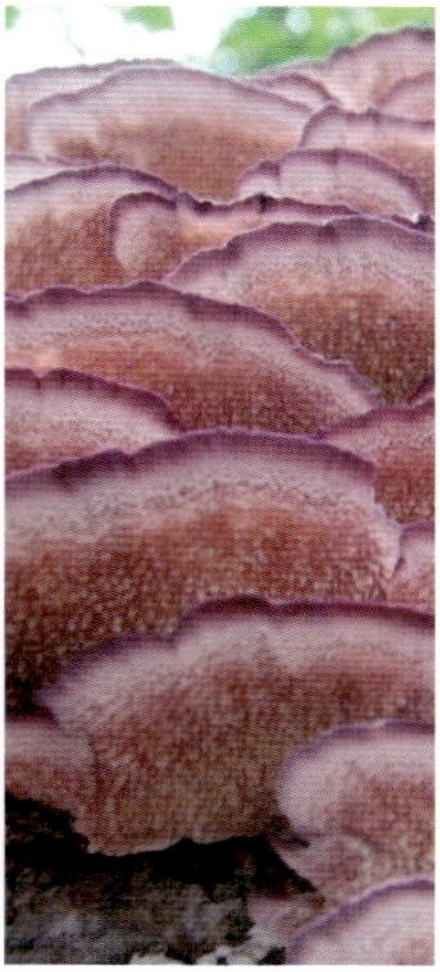

子実体傘の裏側

メモ　裏が紫色にならずに白くなるシロハカワラタケも普通に見られる

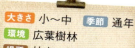

カミウロコタケ

紙鱗茸 *Phlebiopsis crassa*
マクカワタケ科カミウロコタケ属

大きさ 中　季節 通年　環境 広葉樹林
場所 朽倒木・落枝上
生活型 白色腐朽菌

子実体にやや厚みがあり、柔らかい皮質で縁は丸みを帯びる。背着生~半背着生で表面は薄い茶色となり環紋(輪状の模様)がある。裏面の子実層はやや褐色みを帯びた紫色でビロード状。

メモ　林内の沢近くの腐朽の進んだ材上に生じる

スミレウロコタケ

菫鱗茸 *Corticium roseocarneum*
コウヤクタケ科コウヤクタケ属

大きさ 中　季節 通年　環境 林内
場所 広葉樹の枯れ木
生活型 白色腐朽菌

子実体は枯れ枝などに背着あるいは半背着して薄く広がる。表面は灰白色で短い毛が生えたビロード状。裏面ははじめ淡紅紫色で、後に褐色を帯びた紫色になる。カミウロコタケによく似た色と形をしているが、子実体の厚みはずっと薄い。

メモ　里山の林内、特に沢の近くの落枝などに湿布のように薄く張りつくキノコ

毒

ワカクサタケ

若草茸 *Gliophorus psittacinus*
ヌメリガサ科ワカクサタケ属

大きさ 小　季節 梅雨〜秋
環境 草地・林内路傍など
場所 地上
生活型 腐朽菌

傘表面は黄色～橙色だが緑色の粘液に覆われるため緑色が目立つ。成長にともない粘液が失われて地色の黄色が露わになるため色が変化する。傘裏のヒダはまばらで薄い黄色。柄は黄色～オレンジ色で、上部は比較的長い間も緑色を保つ。新鮮だと全体にぬめりがあるが、乾燥時は蝋細工のような質感。よく似た複数の種類が存在し、ヒスイタケのように特に美麗な種が知られている。

色が抜けたあとも柄の上部には緑色が残りやすい

メモ　公園のベンチに腰掛けて地面に目をやった時などに、ふとその存在に気づかされる

コンイロイッポンシメジ

紺色一本占地 *Entoloma cyanonigrum*
イッポンシメジ科イッポンシメジ属

大きさ	小
季節	夏〜秋
環境	林内
場所	地上
生活型	菌根菌

傘表面が茶色の胞子で汚れている

傘表面は青黒色〜濃藍色。傘裏のヒダはややまばら、クリーム色のち肉色。柄は細く傘と同色で縦の繊維紋があり、基部に白い菌糸が目立つ。茶色の胞子が散布されると傘や柄を茶色に染める。ヒノキの植林地林床などでよく見かける。ヒメコンイロイッポンシメジの子実体はずっと繊細で、春〜初夏に針葉樹林床やコケ群落の間から生じ、柄の基部に白い菌糸が見える。

ヒメコンイロイッポンシメジ（右下はその幼菌）

メモ イッポンシメジ科の中でもこの仲間はよく似た種が複数知られ、分類が困難とされる

ソライロタケ

空色茸 *Entoloma virescens*
イッポンシメジ科イッポンシメジ属

大きさ 小　季節 夏〜秋
環境 林内
場所 地上
生活型 腐朽菌

子実体は全体が鮮やかな水色、繊維状の鱗片が目立ち、傘中央のイボはない。乾くとやや白みを帯びる。傘裏のヒダと柄も同色。子実体全体が傷つくと黄色のシミを生じて変色しやすい。やや珍しいキノコとされるが、場所によっては数年にわたってあちらこちらに出現することがある。

傷むと黄色のシミが出る。右は小型のアンズタケ

メモ　傘中心にイボをもつ赤白黄の「イボカサタケ」の仲間だが、本種にイボは見られない

注意

モエギタケ

萌黄茸 *Stropharia aeruginosa*
モエギタケ科モエギタケ属

大きさ 中～大　季節 夏～晩秋
環境 各種林内
場所 地上　生活型 腐朽菌

子実体の傘表面は黄緑～青緑色、後に黄色。傘裏のヒダは密、はじめ白色のちに紫褐色。柄は白色で顕著なツバがあり、ツバから下は少しささくれ、基部に白い菌糸が目立つ。立派なツバが特徴のひとつだが落ちやすい。林内の薄暗いやや湿った場所に生える。同じ属のサケツバタケは形や大きさがよく似ているが傘が茶色で、柄にはとても目立つ切れ込みがあるツバを持つのが特徴。

サケツバタケ

メモ　海外では食不適とされる。「萌黄」は日本の伝統色で若葉のように冴えた黄緑色のこと

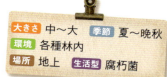

アイタケ

藍茸 *Russula virescens*
ベニタケ科ベニタケ属

大きさ 中～大　季節 夏～秋
環境 広葉樹林・林縁の草地
場所 地上　生活型 菌根菌

傘表面は灰緑色～青緑色、幼菌の傘は内側に丸まって団子状だが、後に傘が開くとやや反り返って大型になる。傘が開くと表面の不規則なひび割れ模様がよく目立つ。傘裏のヒダはやや密で白色～クリーム色。柄は白色で太くて固い。肉は白色で変色性はない。ベニタケの仲間に共通する特徴として、肉質はもろく壊れやすい。

メモ　藍色というより緑色を基調とした色合い。写真は傘が開く前の幼菌

カワリハツ

変り初 *Russula cyanoxantha*
ベニタケ科ベニタケ属

大きさ 中　季節 夏～秋
環境 広葉樹林内
場所 地上　生活型 菌根菌

傘表面は平滑、色の変化に富み、青、緑、紫、赤など様々な色のものが見られる。傘ははじめまんじゅう形で、成長すると開いてじょうご状になる。傘裏のヒダは白色でやや密。柄は白色で太くて固く、基部に向かってやや細くなる。肉質はもろい。

メモ　緑色のものはウグイスハツという名前で別品種に分けられることもある

ハツタケ

初茸 *Lactarius lividatus*
ベニタケ科カラハツタケ属

大きさ 中　季節 夏〜秋
環境 マツ林
場所 地上　生活型 菌根菌

子実体は背が低く地面からあまり立ち上がらない。傘表面はやや赤みがかった褐色で、同心円状の環紋がある。傘裏のヒダは淡い赤ワイン色で密、やや垂生。柄は短くヒダと同色。傘やヒダが傷つくと暗赤色の乳液が出てやがて毒々しい緑青色に変わる。古くなるとカビが生えやすい。銅が錆びた「緑青《ろくしょう》」は見た目の毒々しさに反して人体に無害だが、ハツタケの「緑青色」もキノコ初心者には安全の目印。アカハツは子実体のオレンジ色が目立ち、ハツタケと同様に緑青色に変色する。

左：ハツタケ　右：アカハツ

メモ　秋のキノコシーズンの幕開けを告げるキノコなので「初茸」

ズキンタケ

頭巾茸 *Leotia lubrica*
ズキンタケ科ズキンタケ属　子嚢菌

大きさ 小　季節 秋
環境 やや湿った林内
場所 地上　生活型 腐生菌

子実体はゼラチン状の質感。頭部はいびつな球形で表面はしわが寄り、黄色から緑色と変化に富み、特に古びると色が変わりやすい。柄は円柱形で黄色。ズキンタケ属には色違いの種が多く見分けが難しい。アカエノズキンタケは本種と間違えやすいが頭部が緑色で柄が橙黄色。

メモ　子実体全体が薄い緑色になるアオズキンタケという種もある

ロクショウグサレキン

緑青腐レ菌 *Chlorociboria aeruginosa*
ビョウタケ科ロクショウグサレキン属　子嚢菌

大きさ 極小　季節 夏〜秋
環境 湿った林内
場所 腐朽木
生活型 木材腐朽菌

菌糸が広がった材は子実体と同じ色に染まる

子実体は浅いお椀状で、裏側中央に短い柄があり杯状になる。湿った場所に放置された広葉樹の朽木などに群生する。菌糸にキシリンデイン(xylindein)という色素があって、生えている材を緑青色に染める。地面の朽木をひっくり返すと存在に気づくことが多い。よく似たロクショウグサレキンモドキは柄が子実体の縁につく。

メモ　より小型で子実体が白みがかった青色のヒメロクショウグサレキンという種もある

猛毒

スギヒラタケ

杉平茸 *Pleurocybella porrigens*
ホウライタケ科スギヒラタケ属

大きさ 小～中　季節 秋
環境 針葉樹林
場所 朽倒木
生活型 白色腐朽菌

子実体全体が白色で、扁平、縁につく短い柄で朽木などの基物に付着する。ヒダも白色で密。特有のさわやかな香りをもつ。優秀な食菌として長い間利用されてきたが、2004年以降、腎機能障害をもつ人に対して急性脳症を引き起こす猛毒菌であることが判明。スギ植林地のほの暗い林床で白く輝く姿は妖しいまでに印象的。

子実体裏面

スギ植林地などに群生する

メモ　古い図鑑では優秀な食菌として紹介されているので注意が必要

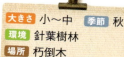

猛毒

ニオイドクツルタケ

臭毒鶴茸 *Amanita oberwinklerana*
テングタケ科テングタケ属

大きさ	中〜大
季節	夏〜秋
環境	針葉樹・広葉樹林
場所	地上
生活型	菌根菌

柄の基部は塩素のような薬品臭がする

子実体は白色。傘裏のヒダは白色で密。柄の頂部に膜質のツバがあり、表面に白色濃淡のささくれ模様が目立つ。基部には袋状のツボがある。里山の雑木林にも普通に見られ、薄暗い林内でキノコの白さがよく映える。摂取後初期にコレラ様の症状があり、数日後に肝細胞が破壊されて死に至る。よく似たシロタマゴテングタケは同様に猛毒菌でやや小型、柄の表面にささくれ模様が見られない。

シロタマゴテングタケ　猛毒

メモ　ドクツルタケは亜高山帯針葉樹林に生え、低標高地のものは別種とされる

猛毒

フクロツルタケ

袋鶴茸 *Amanita volvata*
テングタケ科テングタケ属

大きさ 中　季節 夏〜秋
環境 各種林内
場所 地上　生活型 菌根菌

子実体は白色だが傘表面は褐色の鱗片で覆われる。傘裏面のヒダは白色で密。柄は太く白色、ツバから下は綿くず状の鱗片が目立ち、基部に傘表面と同色の大型のツボがある。肉は白色で傷つくと薄い赤色に変色。よく似た複数の種類が知られている。

メモ　ツルタケの名前に似つかわしくないずんぐりとした立ち姿と目立つ袋が特徴

毒

シロテングタケ

白天狗茸 *Amanita neo-ovoidea*
テングタケ科テングタケ属

大きさ 中〜大　季節 夏〜秋
環境 雑木林
場所 地上　生活型 菌根菌

子実体は白色。傘表面に薄茶色で膜質の大小の薄皮をかぶり、縁にはツバの名残が垂れ、ときに地上を汚す。傘裏のヒダは薄いピンク色で密。柄表面は粉状から綿くず状、ツバはもろくて失われやすく、基部に薄茶色のツボの名残がある。

メモ　夏の雑木林を歩くとかなり普通に見られる大型のテングタケの仲間

毒

シロオニタケ

白鬼茸 *Amanita virgineoides*
テングタケ科テングタケ属

大きさ 中～大　季節 夏～秋
環境 照葉樹林・雑木林
場所 地上　生活型 菌根菌

子実体は白色。傘表面はイボで覆われる。傘裏のヒダは淡いクリーム色。柄にツバがあるが、早々に落ちることが多く、表面には鱗片状のささくれがあり基部は徐々に棍棒状に太くなる。小型の時ほど傘表面のイボがよく目立つ。似た色と形のキノコが数種あり区別が難しい。

メモ　肉質が弾力に富むためか比較的長い間その特異な姿が維持され出会う機会が多い

毒

タマシロオニタケ

玉白鬼茸 *Amanita sphaerobulbosa*
テングタケ科テングタケ属

大きさ 中～大　季節 夏～秋
環境 広葉・針葉樹林林床
場所 地上　生活型 菌根菌

子実体全体が白色～薄い黄茶色。傘表面には角錐状のトゲが多数あるが落ちやすい。傘裏のヒダは白色で密。柄にはツバがあり表面に綿くず状の鱗片があってシロオニタケと良く似ているが、基部は棍棒状ではなく急に大きく膨み、上部が少しくぼんだ球形になるのが特徴。

メモ　球状になる柄の基部の様子が和名の由来。写真の個体は傘が開く前の状態

毒

オオシロカラカサタケ

大白唐傘茸 *Chlorophyllum molybdites*
ハラタケ科オオシロカラカサタケ属

大きさ	中〜大	季節	晩春〜秋
環境	芝生・草地		
場所	地上		
生活型	腐朽菌		

若い子実体の傘表皮は薄茶色で、成長しても多少鱗片として残る。傘裏のヒダははじめは白色だが、成熟すると緑色を帯びて最後はオリーブ色となる。柄は灰褐色でしっかりとしており、上部に可動性のツバがある。中毒例が多く、ときに人家の庭にも生じる神出鬼没のキノコ。元来は熱帯性の種だが、温暖化とともに北上している。公園の草地や高速道路中央分離帯などにも群生することがある。同じハラタケ科の別属であるマントカラカサタケはずっと背が高く、傘裏のヒダが白色で、柄の上部のマント状に垂れ下がる大きなツバが良い特徴。公園などの開けた草地などに生える。カラカサタケはP106に掲載。

マントカラカサタケ

メモ 形が似て少し小型のドクカラカサタケは竹藪の近くに出る傾向がある

毒

ヒトヨタケ

一夜茸 *Coprinopsis atramentaria*
ナヨタケ科ヒトヨタケ属

大きさ 中　季節 春～初冬
環境 林内・畑・公園
場所 地上　生活型 腐朽菌

アスファルトを突き破って生えることもある

傘表面は灰色～灰褐色だが、白く長い柄がよく目立つ。成熟すると自家消化により傘が縁から反り返りつつ、胞子を含む黒いインク状に溶け、破れ傘のように地面に立つ姿になる。成長する力が強く、写真のようにアスファルトを突き破って出現することもある。血液中のアセトアルデヒドの分解を阻害する成分（コプリン）をもつ。英名ink cap。

傘が溶けている状態

柄の断面は中空

メモ 食べてから数日以内にアルコールを飲用すると、ひどい二日酔い症状に悩まされる

白色

ササクレヒトヨタケ

細々裂一夜茸 *Coprinus comatus*
ハラタケ科ササクレヒトヨタケ属

大きさ 中　季節 春～秋
環境 草地・田畑・路傍
場所 地上　生活型 腐朽菌

幼菌は全体が白色。成長すると傘表面は薄茶色のささくれ状の鱗片と条線が目立つようになる。以前は同じ仲間とされたヒトヨタケに似るが、傘表面の顕著なささくれがよい区別点となる。成熟すると自家消化により傘が縁から溶けて黒いインク状になる点はヒトヨタケと同じだが、有毒成分コプリンを持たない。腐植質に富む場所を好む。

メモ　コプリーヌ（つくし茸）という商品名で食用キノコとして販売されている

イヌセンボンタケ

犬千本茸 *Coprinellus disseminatus*
ナヨタケ科キララタケ属

大きさ 小（群生）　季節 春～秋
環境 林内　場所 切り株や倒木
生活型 木材腐朽菌

子実体は小型で群生。傘表面ははじめ白色で成熟するにつれて黒みを帯びた灰色に変化する。傘裏のヒダは成熟すると黒紫色。柄は細く白色でもろい。

メモ　イヌセンボンタケが群生する様子はあたかもミニチュア版吉野千本桜のよう

シロハツ

白初 *Russula delica*
ベニタケ科ベニタケ属

大きさ 中〜大　季節 夏〜秋
環境 林内
場所 地上　生活型 菌根菌

白色

ヒダの付け根は青みをおびる

子実体は白いが、傘が開くと表面は淡い茶色になる。傘裏のヒダはやや密、白色で後にクリーム色、柄に接する部分は青みを帯びる。柄は白色で太く短い。ベニタケ科のキノコとしてはしっかりとした質感。雑木林内の道ばたの土手や公園の木の周囲などでよく見かける。似た種が多く区別が難しい。ツチカブリは色や形がシロハツに似るが、ヒダを傷つけると出る白い乳液は驚くほど辛い。

若いツチカブリ。傷つくと白い乳が出る　注意

メモ　シロハツはヒダの付け根が赤ちゃんの白眼のような青みを帯びるのが特徴

コオトメノカサ

小乙女ノ傘 *Cuphophyllus niveus*
ヌメリガサ科オトメノカサ属

大きさ 小　季節 秋～晩秋
環境 広葉樹林、草地
場所 地上　生活型 不明

子実体全体が白色。傘は上部が平らで逆三角錐状に細くなり、まばらなヒダははっきりと軸に下垂する。よく湿った公園の草地などに散生または群生する。比較的小型のキノコだが、草の緑色とのコントラストでよく目立つ。

メモ　近縁のウバノカサは秋～初冬にコケの間などから出て、傘表面が灰褐色

ウスヒラタケ

薄平茸 *Pleurotus pulmonarius*
ヒラタケ科ヒラタケ属

大きさ 小～中　季節 春～秋
環境 広葉樹林
場所 腐朽木　生活型 白色腐朽菌

子実体はヒラタケよりもずっと小型で薄く、白色~白桃色でヒラタケのように灰色がかることはない。傘裏のヒダは白色。柄は傘の縁から生じる。新鮮なものは少しかじるとよい香りが口中に広がる。

メモ　ヒラタケは冬だが、ウスヒラタケは梅雨から夏にかけて多く発生する

毒

シロイボカサタケ

白疣傘茸 *Entoloma album*
イッポンシメジ科イッポンシメジ属

大きさ　中
季節　梅雨〜晩秋
環境　各種林内
場所　地上　生活型　腐朽菌

傘は白色で浅い放射状の筋が目立つ。傘中央にイボ状突起があるのが名前の由来だが、落ちやすい。ヒダが薄いピンク色で、これはイッポンシメジ科の特徴。薄暗い林内でよく目立つ。不快な臭いがあるとされるが未確認。

メモ　イボカサタケ四兄弟のひとつで、白い傘の中央にあるイボ状の突起が特徴

アシグロホウライタケ

脚黒蓬莱茸 *Tetrapyrgos nigripes*
ツキヨタケ科テトラピルゴス属

大きさ　小　季節　春〜夏
環境　林内
場所　落枝・落葉など
生活型　腐朽菌

傘表面は白色で筋が目立つ。傘裏のヒダは白色できわめてまばら。柄は上部が白で下部が黒いが、どこまで黒いかは個体差がある。柄が皮質でちぎれにくいのはこの仲間の特徴。梅雨の頃に雑木林を歩くと、落枝上にたくさん並んで生えているのをよく見かける。子実体と一緒に黒く細い根状菌糸束が立ち上がる様子を見ることができる。

メモ　シロホウライタケも落枝に生えるが、傘がより大きく柄は基部まで白色

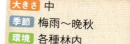

スギエダタケ

杉枝茸 *Strobilurus ohshimae*
タマバリタケ科マツカサキノコ属

大きさ　小　季節　晩秋～初冬
環境　スギ林
場所　傷んだ落枝　生活型　木材腐朽菌

小型のキノコで、傘は白色。傘裏面のヒダはややまばらで白色。柄は最上部が白いが、他は黄土色。肉にはほのかな甘みがある。湿った林内の朽ちかけたスギの落枝から生じるのを見かけることが多い。

メモ　暗い林内の落枝から生えるキノコで、傘の白と柄の黄土色のコントラストが美しい

シロキクラゲ

白木耳 *Tremella fuciformis*
シロキクラゲ科シロキクラゲ属

大きさ　小～中　季節　春～秋
環境　広葉樹林
場所　腐朽木
生活型　寄生菌

子実体は不定形の花弁状、透明感のある白色、軟質で、乾くと固く軟骨状になる。姿のよく似たキクラゲ（木材腐朽菌）とは異なり、他の菌類（特にクロコブタケ・P92）に寄生する菌類。

メモ　この写真では寄生しているクロコブタケと一緒に写っている

シロソウメンタケ

白素麺茸 *Clavaria fragilis*
シロソウメンタケ科シロソウメンタケ属

大きさ 小　季節 夏〜秋
環境 広葉樹林
場所 地上
生活型 不明

子実体は長円筒形で白色、成熟あるいは乾くと細くなり黄色みを帯びる。ほとんど分枝せず、柄は短くてわかりづらい。地面に群生する様子はムーミンに登場する「ニョロニョロ」のよう。

メモ　形がよく似たサヤナギナタタケの子実体は、白というより肉色がかっている

シラウオタケ

白魚茸 *Multiclavula mucida*
カレエダタケ科シラウオタケ属

大きさ 極小　季節 夏〜秋
環境 各種林内
場所 腐朽木
生活型 緑藻類と共生

子実体は白色で先端は薄いオレンジ色、細い円筒形〜棍棒状で分枝せず、基部は細い柄になる。とても小さいキノコ。やや標高の高い場所で、腐朽木や少し湿った岩の表面に広がる緑藻類と共生する。

メモ　担子菌地衣として認識されるときは、キリタケという別名で呼ばれる

column 3

探せば見つかる世界四大食用キノコ

アンズタケ（ジロール）

トガリアミガサタケ（モレル）

ホンセイヨウショウロ（白トリュフ）

ヤマドリタケモドキ（ポルチーニ）

世界の四大食用キノコといえば、ポルチーニ、ジロール、モレル（モレーユ）、そしてトリュフ（白と黒）でしょうか。実はこれらのキノコは同種あるいは極めて近縁な種が日本でも見つかっています。アンズタケがジロール、トガリアミガサタケがモレル、そしてホンセイヨウショウロが白トリュフでイボセイヨウショウロあるいはアジアクロセイヨウショウロが黒トリュフにあたります。残念ながら本物のポルチーニ（ヤマドリタケ）は北海道や富士山などの冷温帯のかなり涼しい森林だけで見つかっていて、それ以外の多くの場所ではヤマドリタケモドキが見られます。ですが「モドキ」とは言え、その大きさ・味わいは本物に劣らないようです。

コキイロウラベニタケ

濃色裏紅茸 *Entoloma atrum*
イッポンシメジ科イッポンシメジ属

大きさ 小　**季節** 初夏～秋
環境 林内・草地・芝生
場所 地上
生活型 腐朽菌

傘表面は黒みを帯びた濃い紺色、微細な鱗片に覆われる。傘裏のヒダはややまばら、はじめ灰色でのち肉色、直生～やや垂生。柄は茶褐色、基部に白色の菌糸が目立つ。公園の芝生広場にも生えるので比較的よく見かけるキノコ。古くなると真っ黒に変色する。

芝生にパラパラと生える

メモ　和名の「こきいろ（濃色）」とは日本の伝統色で黒みがかった深い紫色のこと

毒

クロハツ

黒初 *Russula nigricans*
ベニタケ科ベニタケ属

大きさ 中〜大　**季節** 夏〜秋
環境 林内
場所 地上　**生活型** 菌根菌

傘表面は灰褐色、後に黒色。成熟時に傘がじょうご状に開きヒダがよく見える。傘裏のヒダは厚みがあり白色、熟すと黒色が強くなる。柄は白色で太くて固い。ベニタケ科のキノコらしく肉質はもろく、握るとバラバラに壊れる。ヒダや肉は傷つくと赤変した後ゆっくりと黒変。猛毒のニセクロハツ（Ｐ13）はヒダや肉を傷つけると赤変するが黒くならない。毒キノコのクロハツモドキは傘裏のヒダが密で古くなると全体が真っ黒に変色する。

クロハツモドキ。ヒダは密　毒

メモ　古くなると全体が黒くなり、ヤグラタケに寄生されているのをよく見かける

クマシメジ

熊占地 *Tricholoma terreum*
キシメジ科キシメジ属

大きさ 中　季節 夏～晩秋
環境 里山の雑木林
場所 地上　生活型 菌根菌

傘表面は灰黒色～暗褐色で黒い綿毛が密生。ヒダは灰白色でややまばら。柄は円柱状で薄い灰色、しっかりとして基部はやや細くなって土がつく。幼菌時でもヒダを蜘蛛の巣状の膜が覆うことはない。

メモ　海岸の針葉樹林内には大きさや形が良く似たハマシメジが生える

毒

ヘビキノコモドキ

蛇茸擬 *Amanita spissacea*
テングタケ科テングタケ属

大きさ 中～大
季節 夏～秋
環境 照葉樹林・雑木林・林内
場所 地上　生活型 菌根菌

傘表面は灰褐色で、黒褐色の平らな破片がある。ヒダは白色。柄にツバがあり、黒灰色～灰褐色のだんだら模様をもつ。柄の基部は多少膨らみ鱗片状の破片がある。色や形には変化が大きく、いくつかの似た近縁種から成り立つとされる。

メモ　柄の模様の程度には変異があり、不明瞭の場合がある

毒

ザラエノハラタケ

粗豪柄ノ原茸 *Agaricus subrutilescens*
ハラタケ科ハラタケ属

大きさ 中～大　季節 夏～秋
環境 林内　場所 地上
生活型 落葉分解菌

傘表面は白色だが、帯紫褐色の繊維に覆われ、傘が広がるとちぎれて細かい鱗片となる。傘裏のヒダは当初ピンク色で成熟すると黒褐色になる。柄は白色で、大きな膜質のツバより下には顕著なささくれが目立つ。肉は白色だが傷つくと淡紅色に変色する。

メモ　よく似たナカグロモリノカサは柄に顕著なささくれがない

オニイグチモドキ

鬼猪口擬 *Strobilomyces confusus*
イグチ科オニイグチ属

大きさ 中　季節 夏～秋
環境 雑木林
場所 地上　生活型 菌根菌

傘表面は白地に黒い角状～とげ状の鱗片で覆われ、細かくひび割れる。傘裏は管孔状で白色、後に黒色。柄は灰色～黒色で毛羽立つ。肉や管孔は傷つくと赤くなり、後に黒変する。

メモ　オニイグチやコオニイグチと傘表面の様子がよく似ている

毒

カワラタケ

瓦茸 *Trametes versicolor*
タマチョレイタケ科シロアミタケ属

大きさ 小〜中　**季節** 通年
環境 林内
場所 おもに広葉樹の枯木、切り株
生活型 白色腐朽菌

色の変化が大きく、子実体は皮質。傘表面は黒色〜灰色、ときに焦げ茶色、同心円状の模様があり、フェルト状で縁部は白色。傘裏は白色、管孔は微細で肉眼では識別しにくい。小さい時は黒色が濃く、縁部の白色が目立つ。多年生で古びると脱色して白色となり、緑藻が生えて緑色を帯びる。各地で普通に見られ、切株などにときに群生して大きな群落をつくる。含有する成分から作られた抗悪性腫瘍薬クレスチンは現在薬効のないことが判明。子実体に毒成分が含まれるので注意。

裏面は白色で、きわめて目の細かい網目状

メモ 和名は多数の子実体が屋根瓦のように重なる様子にちなむ

オオゴムタケ

大護謨茸 *Galiella celebica*
クロチャワンタケ科オオゴムタケ属　子嚢菌

大きさ　中　季節　初夏～秋
環境　里山・雑木林
場所　朽倒木
生活型　木材腐朽菌

子実体は暗褐色～黒色、はじめはほとんど球形、成長すると上部が丸くへこんで、その穴が広がり平坦な面が現れる。縦断面で内部は薄い灰色で透明なゼリー状。本種の菌糸が広がった材は固くなり黒く変色する。

メモ　新鮮であれば中のゼリーはかるくゆでて食することができるらしい

ゴムタケ

護謨茸 *Bulgaria inquinans*
ゴムタケ科ゴムタケ属　子嚢菌

大きさ　小～中　季節　初夏～秋
環境　里山・雑木林
場所　コナラ類の朽倒木
生活型　木材腐朽菌

子実体はオオゴムタケよりも小さく、杯状で上面がへこむ。縦断面を見ると、内部は茶褐色の大理石模様になり、ゼリー状のオオゴムタケとは構造が全く異なる。

メモ　オオゴムタケとは胞子をつくるグレバの構造が違うため、子実体断面の模様が異なっている

テングノメシガイ

天狗ノ飯匙 *Trichoglossum hirsutum*
テングノメシガイ科テングノメシガイ属　子嚢菌

大きさ 小　季節 梅雨～晩夏
環境 コケ群落・草地・庭
場所 地上
生活型 腐朽菌

子実体はせいぜい数センチの小型のキノコ。全体が黒色で、上部はやや厚みのあるしゃもじ状、基部は棒状。一本だけでなくパラパラといくつもの子実体が群がって地面から生えることが多い。似た種がたくさん知られていて、分類は難しいとされる。

メモ　人家の庭などでも湿ったコケ群落の間から生えてくることがある

クロラッパタケ

黒喇叭茸 *Craterellus cornucopioides*
アンズタケ科クロラッパタケ属

大きさ 小～中
季節 夏～秋
環境 林内
場所 地上　生活型 菌根菌

撮影：坂田洋子

林下の地上に漏斗状に深くへこんだ、表面が黒っぽい色の子実体がいくつも並ぶ。色みが地味なので見つけにくいが、それほど稀ではない。傘裏のヒダは灰色でシワは目立たない。

メモ　その形から、国外ではtrompette de la mort（死者のトランペット）の異名あり

マメザヤタケ

豆莢茸 *Xylaria polymorha*
クロサイワイタケ科クロサイワイタケ属　子嚢菌

- 大きさ　小〜中　季節　通年
- 環境　林内、広葉樹林
- 場所　枯れ木根元
- 生活型　白色腐朽菌

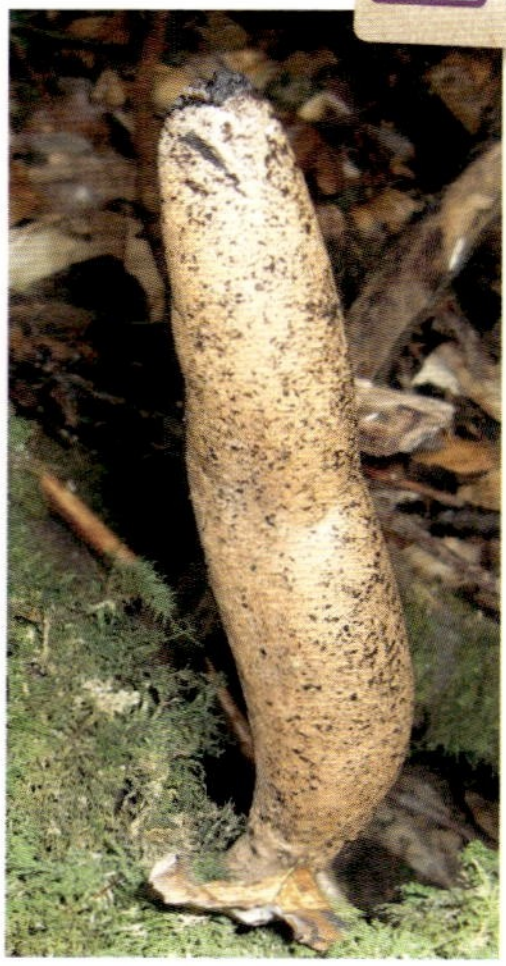

ハマキタケ

子実体は黒色、先端が丸い円筒状になるが形は変化に富む。断面の外層は黒色、内部の肉は白色。「死者の指(dead man's fingers)」との異名もある。

メモ　よく似たハマキタケは子実体が淡褐色で暖かい地方に生じる

クロコブタケ

黒瘤茸 *Annulohypoxylon truncatum*
クロサイワイタケ科アヌロヒポキシロン属　子嚢菌

- 大きさ　小　季節　通年
- 環境　落葉樹林
- 場所　太い落枝や枯木枝上
- 生活型　白色腐朽菌

子実体は黒くて固く小さなこぶ状。表面にボコボコとした細かい隆起がある。同じ枝にネンドタケモドキも一緒に生えていることがよくある。シイタケのほだ木によく生えるので害菌とされる。似た仲間があり、国内で5変種に分けられる。シロキクラゲに寄生されることがある(P82)。

メモ　林内に落ちているコナラの太めの枯枝を拾うと、高確率で見つかるきわめて普通種

毒

ツキヨタケ

月夜茸 *Omphalotus japonicus*
ツキヨタケ科ツキヨタケ属

大きさ 中～大　**季節** 夏～秋
環境 ブナ林
場所 枯木・倒木
生活型 白色腐朽菌

子実体断面

子実体は半円形で樹幹に群生。傘表面は黄褐色、成熟すると紫褐色、濃色の小鱗片がある。傘裏のヒダは淡黄色から白色、柄に垂生。柄はほぼ傘の縁について短く、ヒダとの境にツバ状の隆起がある。柄の断面で黒褐色のシミが見られるがときに不明瞭。暗闇でヒダが緑色にわずかに発光するのが名前の由来。中毒すると胃が絞られるような苦しみを味わう。子実体の形や生え方がよく似たムキタケは名前の通りに表皮がツルッとはがれやすく、また柄の断面にシミが見られない。

ムキタケ

メモ　ツキヨタケは食用キノコと間違え食中毒を起こすことがきわめて多い

ハタケシメジ

畑占地 *Lyophyllum decastes*
シメジ科シメジ属

大きさ 中～大　季節 秋
環境 畑・草地・路傍・林縁
場所 地上
生活型 木材腐朽菌

子実体は株立ちすることが多い。傘表面は茶褐色～灰色、やや粉を吹くことがある。傘裏のヒダは密、白色。柄は傘表面と同色、下部は白い。初心者には見分けるのが困難なキノコの代表だが、傘と柄上部の色が同じこと、ヒダの様子、株立ちすることなどの特徴を押さえれば覚えやすい。山沿いの道路脇や林縁などの地面に半ば草に隠れて生えることも多く、地味な色とも相まって気づかずに通り過ぎてしまいがち。一本立ちのものは柄が太くなりホンシメジに似ることがある。株立ちするシャカシメジはずっと小型。

幼菌のハタケシメジ

大きく育ったハタケシメジの株

メモ　土木工事などで地中に木材を埋めた場所に毎年同じ時期に生じる

毒

テングタケ

天狗茸 *Amanita pantherina*
テングタケ科テングタケ属

大きさ 中　季節 夏〜秋
環境 広葉樹林
場所 地上
生活型 菌根菌

子実体は中型。傘表面は茶色〜灰褐色、白色で平板な鱗片（イボ）が散在、縁に条線がある。傘裏のヒダは白色、密。柄に膜質のツバがあり、基部は膨らんでツボとなる。ツボは上端が一重のリング状。現在は別種とされるイボテングタケは以前には「針葉樹型テングタケ」と呼ばれ、柄の基部にいくつもの環が同心円状に並ぶ。低地でも植物園などで見られる。毒成分イボテン酸を含み強烈なうまみがあるとされるが食べないよう注意。

イボテングタケ幼菌　毒

メモ　傘の鱗片は幼菌の内被膜の名残で、イボテングタケとテングタケダマシでは先端が尖る

ウラベニホテイシメジ

裏紅布袋占地 *Entoloma sarcopum*
イッポンシメジ科イッポンシメジ属

大きさ 中〜大　季節 秋
環境 雑木林
場所 地上
生活型 菌根菌

子実体は大型になる。傘表面は灰褐色で細かい絹糸状の繊維で薄く覆われるが、しばしばそこだけ繊維がない指先で押したような模様が見られる。傘裏のヒダは薄いピンク色、やや密。柄は太く中実。肉には苦みがある。暖かい地方ではキノコバエの幼虫に先を越されることが多く、その場合柄を指で押さえるとへこむ。よく似た有毒のクサウラベニタケと間違えやすいので要注意。

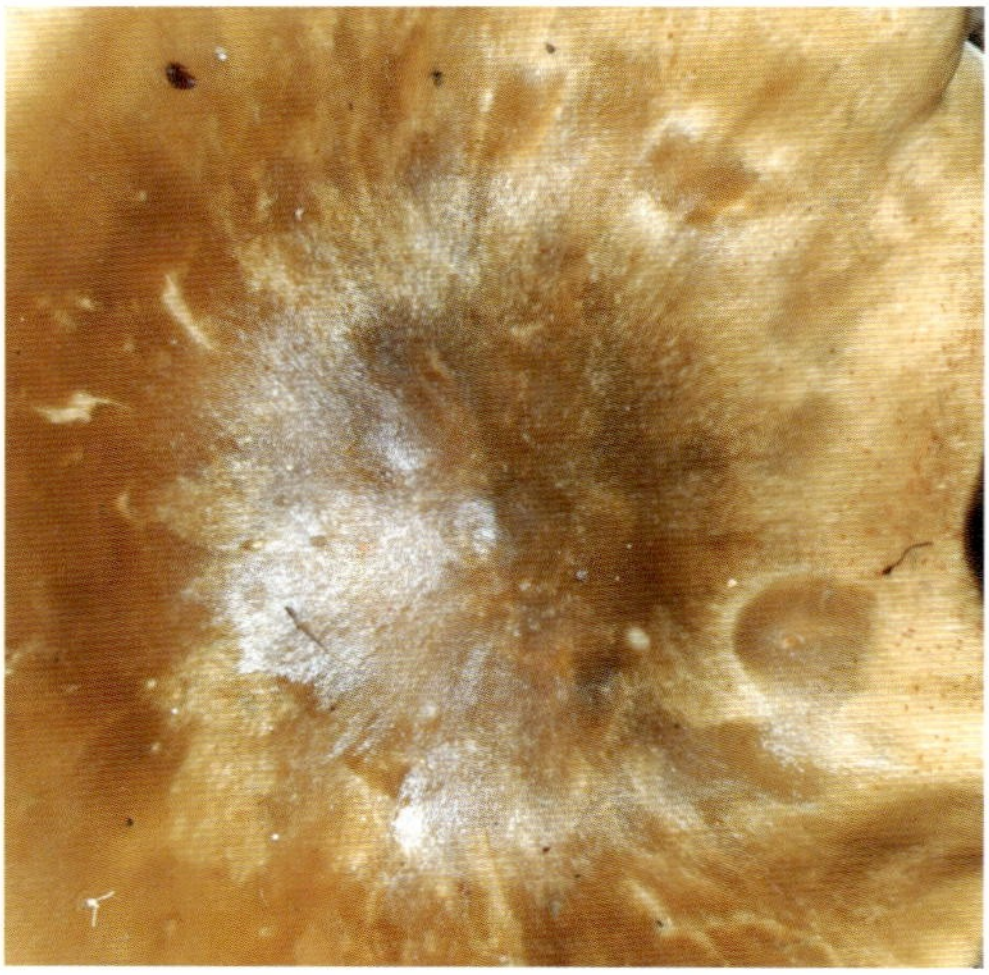

傘表面に指で押したような模様がある

メモ　毒性の強いイッポンシメジと似ており、傘表面の模様以外では区別しにくい

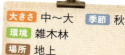

毒

クサウラベニタケ

臭裏紅茸 *Entoloma rhodopolium*
イッポンシメジ科イッポンシメジ属

大きさ 中　季節 夏〜秋
環境 雑木林
場所 地上
生活型 腐朽菌

若いウラベニホテイシメジ（左２本）とクサウラベニタケ（右２本）。柄の基部の違いに注目

傘表面は灰色〜淡黄褐色。傘裏のヒダは密で淡いピンク色が目立つ。柄は白色、中空で指で押すと簡単にへこむ。柄の基部に白色の菌糸があって周囲の落葉など腐植質に広がり子実体を持ち上げると落葉が一緒についてくる。肉に苦みはない。地域ごとに様々な変異型が知られている。間違えやすいウラベニホテイシメジはずっと大型で、柄は中実で基部に周囲に広がる細かい菌糸が見られず、マツタケと同様に柄の基部は土だけがつく。

雨に濡れたクサウラベニタケ

メモ　地域や生育環境による変異が大きい種で、誤食によるキノコ中毒が多発する

毒

マツオウジ

松旺子 *Neolentinus lepideus*
キカイガラタケ科マツオウジ属

大きさ 中〜大　季節 春〜秋
環境 雑木林　場所 立枯木・切り株
生活型 褐色腐朽菌

子実体は強い弾力がある。傘表面は白色〜淡黄色、黄土色の鱗片がある。傘裏のヒダは白色、柄に垂生する。ヒダの縁が特徴的な鋸歯状となる。柄は太くツバはない。肉には特有の松ヤニ臭がある。針葉樹の切り株や立ち枯れ、特に途中で折れたアカマツからよく生じる。成長するときわめて大型になる。

メモ　以前はヒラタケ科とされた。柄にツバをもつツバマツオウジは別種でカラマツ上に生じる

大きさ 中　季節 晩秋〜春
環境 雑木林・庭
場所 樹幹・枯木・切り株　生活型 白色腐朽菌

エノキタケ

榎茸 *Flammulina velutipes*
タマバリタケ科エノキタケ属

傘表面は黄褐色〜茶褐色で周辺部はクリーム色、濡れた時はヌメリが強い。傘裏のヒダはクリーム色、やや密。柄は軟骨質で固く茶褐色〜黒褐色、ビロード状の毛で密に覆われる。他のキノコが姿を消す晩秋から春にかけての気温が下がる時期に、枯れ木や弱った木の幹から株立ち状に生えるため、雪を被った姿が印象的。野生種と栽培品は著しく姿形が異なるが、鼻に刺さる独特のエノキ臭は野生品でも強く感じられるため、野外での良い識別点となる。

メモ　晩秋から春にかけて、郊外の雑木林を探せば意外と多く見つかる

ヤマドリタケモドキ

山鳥茸擬 *Boletus reticulatus*
イグチ科ヤマドリタケ属

大きさ 中～特大
季節 梅雨～秋
環境 広葉樹林
場所 地上　生活型 菌根菌

傘が広がる前の幼菌たち

子実体は中型～特大。傘表面ははじめ灰褐色～暗褐色、のちに黄褐色でオリーブ色を帯びる。傘裏の管孔は当初白色、のちオリーブ色。柄は淡い茶色、上から下まで白色の網目模様がある。コナラとアカマツが混じる里山や広葉樹林に広く分布する普通種。柄の上部から下部にかけてはっきりと出る網目模様が見分ける特徴となる。とても大きくなるが、暖かい地方では虫に侵されやすい。

傘が十分に開いた個体。柄の網目模様が目立つ

メモ 真のヤマドリタケは日本では冷温帯の針葉樹林だけに分布し、柄下部の網目が不明瞭

注意

ヌメリイグチ

滑猪口 *Suillus luteus*
ヌメリイグチ科ヌメリイグチ属

大きさ 中～大
季節 夏～秋
環境 マツ林
場所 地上　生活型 菌根菌

体質によっては胃腸系の中毒を起こす

傘表面は褐色～黄褐色、粘性がある。傘裏の管孔は黄色、乳液は出ず、幼菌時は皮膜で覆われ傘が広がる際に破れ柄上部に汚れた色の粘着性の痕跡的ツバとして残る。柄表面には微細な斑点がある。郊外の公園や造成地、道路の法面など、若いアカマツが植林された場所に多い。北・東日本で珍重される「ハナイグチ（ラクヨウ）」によく似ている。

粘着性の膜が管孔を覆い後にツバになる

メモ　ヌメリイグチのスポンジ状の管孔に孔をあけるのは菌食性のイクチオオキバハネカクシ

注意

チチアワタケ

乳泡茸 *Suillus granulatus*
ヌメリイグチ科ヌメリイグチ属

大きさ　中〜大
季節　夏〜秋　環境　マツ林
場所　地上　生活型　菌根菌

体質によっては胃腸系の中毒を起こす

傘表面は淡褐色、粘性がある。傘裏の管孔は幼菌でも皮膜に覆われず裸出し、幼菌ではしばしば乳液が出る。柄はツバを持たず黄色みを帯び、茶色の微細な斑点が密布する。形や大きさ、アカマツの近くに生えることもヌメリイグチとよく似ている。柄の色と粘着性のツバを持たない点が見分けるポイントだが、老菌になると難しい場合も多い。

若いときに傘裏の管孔からクリーム色の乳液が出るのが特徴

メモ　幼菌ではヌメリイグチとの見分けは容易だが、成長し傘が開くととても難しくなる

ヒラタケ

平茸 *Pleurotus ostreatus*
ヒラタケ科ヒラタケ属

大きさ 中～大　季節 晩秋～冬
環境 雑木林・社寺林・庭
場所 樹幹・株元　生活型 白色腐朽菌

多数の子実体が重なって生じる。傘表面は黒灰色～灰色。傘裏のヒダは柄に長く垂生し白色～灰白色。柄は傘の縁につくことが多いが様々。晩秋から冬にかけて出る大型のキノコ。大きくなりやすいが、小ぶりの間に収穫するとよりおいしくいただける。キノコの季節が終わる寒い時期に博物館に同定依頼に持ち込まれるのはほとんどが本種。

メモ　人里にもよく出現。エリンギや夏に出るオオヒラタケ（アワビタケ）は近縁な仲間

シイタケ

椎茸 *Lentinula edodes*
ツキヨタケ科シイタケ属

大きさ 中　季節 春と秋
環境 広葉樹林
場所 倒木・切り株・樹幹　生活型 白色腐朽菌

幼菌の傘はまんじゅう形で色がより濃い

傘表面は茶褐色から淡褐色、しばしば縁部に白い綿毛状の鱗片がある。傘裏のヒダは白色、密。柄は短く強靭、不完全な繊維状のツバがあり下部は茶色でささくれる。野外でもそれほど珍しくないが、栽培品が逃げ出したものとの区別が困難。傘表面を縁取る白い鱗片と独特の強い椎茸臭が、見分けるための特徴となる。販売品の椎茸を使って簡単に胞子紋が採れるだけでなく、胞子がゆっくりと飛散する様子を撮影した動画も公開されている。

メモ　生焼けのシイタケを食べるとまれに発症するシイタケ皮膚炎は怖い皮膚病

ハナイグチ

花猪口 *Suillus grevillei*
ヌメリイグチ科ヌメリイグチ属

大きさ 中　季節 夏〜秋
環境 カラマツ林
場所 地上　生活型 菌根菌

若い子実体は表面が粘液で覆われている。傘表面は黄金色から赤褐色や橙褐色で粘性があり、傘裏は若い時は薄い膜で覆われ、管孔状で黄色、青変性はない。柄上部は傘裏の膜に由来する膜質のツバがあり、下部は赤褐色の表面が繊維状。カラマツ林に特有のキノコ。東日本のスキー場内を通る林間道路沿いなどでもよく見かける。

メモ　各地で非常に人気があり、ジコボウ、ラクヨウ、イクチなど多様な地方名をもつ

ナメコ

滑子 *Pholiota microspora*
モエギタケ科スギタケ属

大きさ 小〜中　季節 中秋〜晩秋
環境 ブナ林・雑木林
場所 立枯木・朽倒木　生活型 白色腐朽菌

幼菌の子実体は半球状で粘液質の膜で包まれ、後に膜の一部が傘縁に残る。傘表面は茶褐色、成長につれ粘液を失い淡色になる。傘裏のヒダは密で淡黄色、後にさび色。柄上部には粘液生のツバがあり粘液が基部まで覆う。湿気を好み、水辺近くの苔むした倒木、あるいは沢沿いの倒木などで大きな群落をつくる。

メモ　ブナ帯に多く見られるが、谷沿いであれば低山地の雑木林でも見つかることがある

注意

ナラタケ

楢茸 *Armillaria mellea*
タマバリタケ科ナラタケ属

大きさ 中　季節 春～秋　環境 林内
場所 立枯木・倒木・地上
生活型 木材腐朽菌・寄生菌

傘と柄に産毛あり

薄い黄色で平滑

柄の黒みが強い

子実体の形状や色は様々だが、柄に明瞭なツバが発達し、柄基部が固く指で折るとポキッと音がするのが特徴。これまでナラタケとされた種は現在10種ほどに細分され、それぞれが特有の形を持ち生育環境や食味が微妙に異なる。生きている木を侵す「ナラタケ病」の病原菌としても有名。

メモ 優秀な食菌だが一度にたくさん食べるとお腹を壊しやすいので注意が必要

大きさ 中　季節 夏～秋　環境 林内
場所 立枯木・朽倒木・地上
生活型 木材腐朽菌・寄生菌

注意

ナラタケモドキ

楢茸擬 *Desarmillaria tabescens*
タマバリタケ科ナラタケモドキ属

ナラタケに似るが多数の茎が束になって広がるように生え、ずっとほっそりとして柄にツバがないことで容易に区別できる。樹勢の衰えた広葉樹の基部や切り株、倒木などから生えるが、地面から株が生じることも多い。樹木への強い病害菌。森や林の中のあちらこちらで、同じタイミングでたくさんの株が出てくる。傷むと溶けて真っ黒に変色する。

メモ 柄の基部が黒みを帯び、ポキッと折れる。消化がよくないので多食は避ける

注意

ムジナタケ

貉茸 *Lacrymaria lacrymabunda*
ナヨタケ科ムジナタケ属

大きさ 小〜中　季節 夏〜秋
環境 林内・草地・路傍
場所 地上　生活型 腐朽菌

傘表面は茶褐色〜黄褐色で粗い繊維状の鱗片が密生してフェルト状。傘裏のヒダは密、汚褐色でのち暗紫褐色。柄は褐色の鱗片があり、ツバはわずかな綿毛状ではじめは白色だが、のちにヒダから落ちた自分の胞子で黒く染まる。草地に束になって生えてよく目立つ。傘表面に繊維状の鱗片があるので、アセタケ属の茶色の種と間違えやすい。

メモ　貉（むじな）はアナグマのことで傘表面の様子を毛皮に例えた。毒成分を含むので要注意

毒

チャツムタケ

茶頭茸 *Gymnopilus picreus*
モエギタケ科チャツムタケ属

大きさ 小〜中　季節 晩夏〜秋
環境 針葉樹　場所 倒腐朽木
生活型 木材腐朽菌

傘表面は黄褐色〜茶褐色。傘裏のヒダは黄色みを帯び後に褐色。柄は茶褐色で表面が繊維状、ツバはなく中空。特にアカマツのよく湿って腐朽の進んだ倒木上に極めて普通に群生する。チャツムタケが生えるような倒朽木には、冬虫夏草のマルミノアリタケやヒメクチキタンポタケなどがよく見つかる。

メモ　黄色みのある傘裏のヒダが特徴的（写真左下）。かじると肉はとても苦いことがわかる

注意

カラカサタケ

唐傘茸 *Macrolepiota procera*
ハラタケ科カラカサタケ属

大きさ 大　季節 夏〜秋
環境 林内・草地・竹林
場所 地上　生活型 腐朽菌

傘表面は薄茶色で濃い灰褐色の大きな鱗片が散在する。傘裏のヒダは白色で隔生。柄は長くときに三十センチ以上に達し、灰白色のひび割れた小さな鱗片が蛇皮状につき、上部にはリング状のツバがある。このツバは指で上下に動かせる。平らに開く前の傘（写真右）は弾力性があって握ってもつぶれない。

メモ　カラカサタケの仲間で白色のキノコには有毒種が多いので注意が必要

毒

モリノカレバタケ

森ノ枯葉茸 *Gymnopus dryophilus*
ツキヨタケ科モリノカレバタケ属

大きさ 中　季節 夏〜秋
環境 林内
場所 地上
生活型 落葉分解菌

傘表面は平滑で淡黄土色からクリーム色と変化に富む。傘裏のヒダは白色、密。柄は中空、淡赤褐色、平滑。柄の基部で菌糸が分解中の落葉上に広がっている。形態が酷似するいくつもの近縁な種が知られ、分類はとても難しいとされている。

メモ　形がよく似たアマタケは柄の表面全体が微毛に覆われ褐色を帯びる

毒

カキシメジ

柿占地 *Tricholoma kakishimeji*
キシメジ科キシメジ属

大きさ 中～大　季節 秋
環境 広葉樹・針葉樹林内
場所 地上
生活型 菌根菌

傘裏、柄の様子

傘表面は赤褐色～栗褐色、淡黄褐色で、幼菌は粘性がある。傘裏のヒダは密で白色、古くなると茶色のシミがよく目立つ。柄は表面が褐色で固くてもろい質感。日本産のカキシメジは最近五種に細分された。クサウラベニタケ、ツキヨタケと並ぶ日本三大毒キノコとされ、中毒事故が多い。

メモ　ヒダの茶色のシミが見分けるよいポイントになるが、若い時は目立たない

毒

クサハツ

臭初 *Russula foetens*
ベニタケ科ベニタケ属

大きさ 中～大
季節 夏～秋　環境 林内
場所 地上　生活型 菌根菌

傘表面は淡褐色～黄褐色、縁に明瞭な条線があり、隆起部には溝に沿って小さな突起が並ぶ。傘裏のヒダはやや密、離生、淡黄色で褐色のしみが出やすい。柄は白色で中空。子実体全体に油が傷んだ様な不快な臭いが強くそれが和名の由来。クサハツモドキは形がよく似るが明瞭なアーモンド臭（杏仁臭）で区別ができる。

メモ　オキナクサハツは傘表面にシワがあり、淡黄色の柄に褐色の斑点が見られる

毒

カバイロツルタケ

樺色鶴茸 *Amanita fulva*
テングタケ科テングタケ属

大きさ 中　季節 夏～秋
環境 雑木林
場所 地上
生活型 菌根菌

傘表面は薄茶色～茶褐色、縁に条線がある。傘裏のヒダは白色。柄は長く中空、淡茶色の斑点模様があり、ツバがなく、基部に袋状の薄茶色のツボがある。一本ずつ生えることが多いが、林内のあちらこちらでよく見かける。以前は食用とされたが毒キノコ。

メモ　樺色は赤みのある橙色のこと。よく似たツルタケは、傘表面が灰白色で柄とツボは白色

毒

ヒメワカフサタケ

姫若房茸 *Hebeloma sacchariolens*
ヒメノガステル科ワカフサタケ属

大きさ 中　季節 秋
環境 林内
場所 地上
生活型 不明

傘表面は中央がやや赤みのある黄土色、周辺は色が薄く白色が強くなる。傘裏のヒダは白色、のちに淡褐色。柄は中実で白色。特徴の少ないキノコだが、独特の臭いを覚えると鼻で識別できる。近縁種に動物の排泄跡に出現するアンモニア菌アカヒダワカフサタケがある。

メモ　独特の匂いは「焦げた砂糖」とも表現されるが、そんなよいモノではない

注意

クリタケ

栗茸 *Hypholoma lateritium*
モエギタケ科ニガクリタケ属

大きさ 中　季節 晩秋　環境 広葉樹林
場所 切り株・倒木・朽木
生活型 白色腐朽菌

撮影 坂田洋子

いくつもの子実体が束になって生え群生する。傘表面は薄い茶色（栗色）、周辺部は色が薄く白色の繊維状被膜が良い特徴だが、傘が開くと目立たなくなる。傘裏のヒダは密、はじめ白黄色で後に暗紫色～チョコレート色。柄上部は白っぽい淡色で蜘蛛の巣状の目立たないツバがあり、肉質は緻密で堅く締まる。柄下部は傘と同色。

メモ　昔から食用キノコとされるが、胃腸系の中毒を起こす毒成分が含まれるので過食は避ける

ショウゲンジ

正源寺 *Cortinarius caperatus*
フウセンタケ科フウセンタケ属

大きさ 中　季節 晩夏～秋
環境 広葉樹林・針葉樹林
場所 地上
生活型 菌根菌

傘表面は黄土色～黄褐色、縁に放射状の筋が目立つ。傘裏のヒダは密で帯白色、後に黒褐色。柄は太く淡い黄土色、中ほどから上にリング状の幅広いツバがあるが落ちやすい。肉質は締まっていて、シャキシャキとした繊維の歯切れが楽しめる。笠（傘）を深くかぶった姿から虚無僧茸の別名がある。

メモ　和名の由来には諸説あるが、寺の僧侶が食用キノコとして広めたからとも

チチタケ

乳茸 *Lactifluus volemus*
ベニタケ科チチタケ属

大きさ 中　季節 夏～秋
環境 広葉樹林
場所 地上　生活型 菌根菌

傘表面は赤茶色～黄褐色。傘裏のヒダは密で白色～クリーム色、淡褐色のシミが出る。柄は傘と同色だがやや色が薄い。新鮮なキノコを傷つけるとポタポタと大量に白い乳液がしたたり落ちるが、これは動物による食害への対抗手段だと考えられている。有名な食菌で特に栃木県や群馬県での人気が高い。形や色が似た近縁な仲間が複数種知られている。

メモ　傘も柄も薄い赤茶色なのが特徴で、白い乳液が出れば間違えることがない

ニオイワチチタケ

匂輪乳茸 *Lactarius subzonarius*
ベニタケ科カラハツタケ属

大きさ 小～中　季節 夏～秋
環境 広葉樹林・林縁草地・庭
場所 地上　生活型 菌根菌

傘表面は薄茶色と茶褐色の二色の輪が同心円状に広がる。傘裏のヒダは密で薄茶色、傷つけるとわずかに乳液を出す。柄は赤褐色で基部に白色の菌糸がある。林縁の開けた地面に群生するのでよく目立つ小型のキノコ。強くはっきりとしたカレー粉臭があり、乾かすとより一層臭いが増す。

メモ　ポケットの中にこのキノコを入れたまま忘れると、臭いが取れなくなるので注意

column 4

よい写真・いまひとつな写真

ヤマドリタケモドキ　傘裏や根元が見えない

ムジナタケ　柄や傘裏が見えない

ヤマドリタケモドキ　図鑑的な写真

ムジナタケ　図鑑的な写真

キノコに親しむ方法の一つは写真を撮ることです。スマートフォンのカメラ性能が格段に向上した近年は、より一層その機会が増えました。ただ気をつけねばならないのは、キノコの正しい名前を調べるためには、たくさんの特徴がその写真に写っている必要があることです。傘の表面だけでなく、ヒダの様子、柄の構造（ツバの有無、模様、基部の様子）などが大切な情報です。そのことが理解できると、上から見下ろしてキノコの写真を撮るのがよくないこともわかります。傘表面とヒダ、柄の様子を一本のキノコだけで同時に示すことはできませんから、何本かの子実体を使って表と裏が同時に見えるように並べてから撮影しましょう。カメラを地面に置いて撮影するのもよい方法です。

形で すぐわかる キノコ

形の面白さ・不思議さもキノコのもつ魅力の一つです。
植物ではあり得ない不思議な形に注目することが、
じつはキノコに秘められた奥深さを知る王道なのかもしれません。
丸い、固い、そして変な形に分けられたキノコ達をご覧ください。

クチベニタケ

口紅茸 *Calostoma japonicum*
クチベニタケ科クチベニタケ属

大きさ 小　季節 夏〜秋
環境 林内の路傍
場所 地上　生活型 菌根菌

子実体は半地中生で頭部と偽柄に分かれる。頭部はほぼ球形、淡黄土色で表面は細かく亀甲状にひび割れることが多いが、ときに平滑。先端部に紅色で星形の開口部があって、そこから内部の胞子が放出される。子実体の基部には何本かの半透明で飴色の偽柄（菌糸束）がタコの脚のように地中に伸びる。山道沿いの土手など土が露出した場所に生育する。指でキノコの腹を押すと開口部から白色の胞子が出るが、あまり細かくはなくすぐそばに塊になって落ちることが多い。

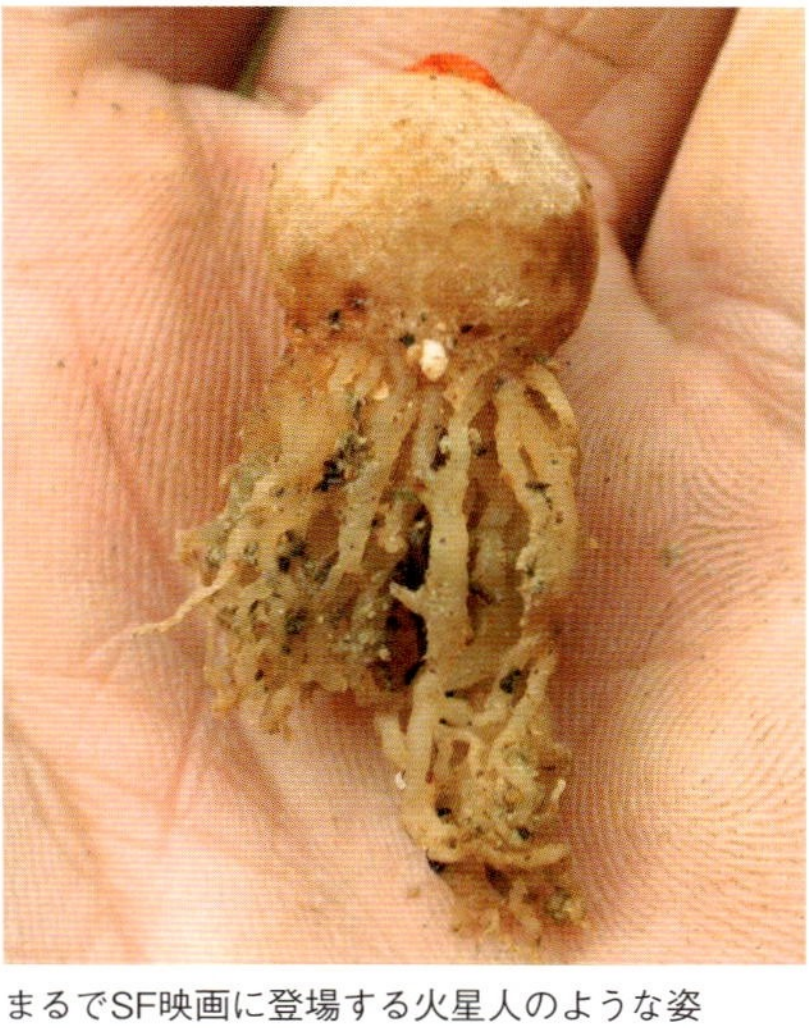

まるでSF映画に登場する火星人のような姿

メモ　丁寧に引き抜くと、小型の子実体に似つかわしくない長い偽柄が観察できる

ショウロ

松露 *Rhizopogon roseolus*
ショウロ科ショウロ属

大きさ 小　季節 春と秋
環境 マツ林
場所 地中
生活型 菌根菌

子実体はゆがんだ球形で、薄茶色。断面は白色でスポンジ状だが胞子が成熟すると黒褐色となる。手に持った感じはあまり重くない。外皮は傷つくと薄紅色に変色しやすい。地中生だが、成熟前にわずかに地面に顔を出すようになる。海岸のクロマツ林が産地として有名だが、内陸の低山地にある公園でも、アカマツ林下の草地を探すと見つけることができる。シイタケと同様、春先と秋の年二回出現することが知られている。ただ、イノシシが地面を掘り返した場所では探しにくい。

半ば頭を出して土に埋まっている（左）

アルコールに漬けると色素が出て赤くなる

メモ　小石と見間違えないよう、丁寧に時間をかけて地面を探すのが見つけるコツ

コツブタケ

小粒茸 *Pisolithus tinctorius*
ニセショウロ科コツブタケ属

大きさ	中～大
季節	春～秋
環境	マツ林・雑木林・庭園
場所	地上
生活型	菌根菌

裏側からみた子実体

子実体はいびつな球形で下にいくほど細くなり、基部に短い偽柄（菌糸束）をもつが無いこともある。ときに直径10㎝ほどの大きさに達することがある。表面は茶色の表皮で覆われる。内部は詰まっていて持ち重りがする。断面を見ると多数の小さい部屋から成り立つのがわかるが、成熟するとこれらが上から順番に崩壊して粉状の胞子をつくりだす。上部の皮が広く破れ去り、煙状に胞子が散布される。形態のよく似た多数の品種が認められている。また多くの種類の樹木と菌根をつくり共生する。樹木の成長を著しく促進させる効果が知られていて、林業資材としての研究・活用が進められている。

断面が特徴的

メモ 子実体は決して「小粒」ではなく、断面で小粒の部屋がたくさん並ぶのが和名の由来

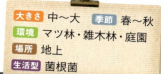

ホンセイヨウショウロ

本西洋松露 *Tuber japonicum*
セイヨウショウロ科セイヨウショウロ属　子嚢菌

大きさ	小～中
季節	晩秋～初冬
環境	マツ科・ブナ科林床
場所	地下（地上）
生活型	菌根菌

子実体は不規則な塊状（男爵いも状）で平滑、多少凸凹があり、表面は淡黄褐色～茶褐色。ビー玉くらいから子どもの握り拳大までと、その大きさは様々。断面は大理石模様が目立ち、熟成したチーズのような香りがする。地下で生育し、秋に少しだけ地上に頭を出す。日本の白トリュフと言える存在。２０１６年に新種として正式に報告された日本固有種で、栽培化が試みられている。

子実体の断面は大理石模様

メモ　本物のイタリア産白トリュフは別種で、学名はTuber magnatum

イボセイヨウショウロ

疣西洋松露 *Tuber longispinosum*
セイヨウショウロ科セイヨウショウロ属　子嚢菌

大きさ 小　季節 秋～初冬
環境 シイ・カシ林
場所 地下（地上）
生活型 菌根菌

子実体はほぼ球状で直径約2～4㎝、ホンセイヨウショウロよりも小振り。表面は黒く細かいダイヤモンドカット状の凹凸があり、断面に明瞭な大理石模様が見られる。地下で生育し、胞子が熟す時期になると地面近くに頭を出す。イノシシが好み、土を掘り返した後の周囲に見つかることがある。海苔の佃煮の香りが特徴で日本の黒トリュフ的な存在。日本にはアジアクロセイヨウショウロ*T. himalayense*という別種も分布する。

子実体の断面は大理石模様

メモ 本物のフランス産黒トリュフは別種で、学名はTuber melanosporum

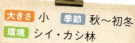

ホコリタケ

埃茸 *Lycoperdon perlatum*
ハラタケ科ホコリタケ属

大きさ　小　季節　梅雨～秋
環境　林内・草地・田畑
場所　地上　生活型　腐朽菌

子実体は幼菌時に白色、のち灰色みが強くなり最後は黄褐色。球形の頭部から柄にかけて細くなる。外皮は短いトゲ状～イボ状の突起が密布するが、触るとポロポロと落ちやすい。成熟すると頂部に孔が開いて、機械的刺激によって胞子が煙状に噴出される。別名キツネノチャブクロ。似た種が多数知られ、正しい名前を知るのは難しい。

メモ　上から見ると球形だが、横から見るとはっきりとした柄のあることがわかる

アラゲホコリタケ

荒毛埃茸 *Lycoperdon echinatum*
ハラタケ科ホコリタケ属

大きさ　小　季節　夏～秋
環境　林内、草地
場所　地上
生活型　腐朽菌

子実体は球形から洋梨形。外皮は幼菌では白色のち褐色、長いトゲ状の突起が子実体表面に密生する。ホコリタケ同様に機械的刺激によって、頂部の孔から煙状に胞子を散布する。

メモ　外皮の「荒毛」は４mmほどの長さがあるが、成熟すると脱落しやすい

ノウタケ

脳茸 *Calvatia craniiformis*
ハラタケ科ノウタケ属

大きさ 中　季節 梅雨〜秋
環境 林下
場所 地上　生活型 腐朽菌

子実体頭部は卵形で薄茶色、上部は胞子をつくる組織に、下部は柄に分化する。断面は幼菌では白色、胞子の成熟に伴い黄色、褐色と変化する。上半分の表皮が薄皮状に破れて、機械的刺激により大量の胞子が埃状に飛散する。薄茶色のパンのようで表面にシワがある様子を「脳」に見立てたのが和名の由来。よく似たオオノウタケは子実体が大型で頭部の色がずっと濃いとされる。

メモ　胞子を飛ばし終わり柄だけが残った不思議な姿（写真右下）を、夏から秋によく見かける

スミレホコリタケ

菫埃茸 *Calvatia cyathiformis*
ハラタケ科ノウタケ属

大きさ 中〜大
季節 初夏〜秋
環境 林縁・草地・芝生
場所 地上　生活型 腐朽菌

子実体は大きめのソフトボールくらいのサイズで、若い時は白色で表面に亀甲模様が見られる。胞子の成熟とともに全体が濃い赤紫色となり上部の外皮が破れ、埃状に胞子を飛ばす。田の畦や草地、公園の芝生に初夏から秋にかけて生じる。腐朽菌だが、芝生の成長を促す成分を出すといわれている。

メモ　幼菌がよく似ているキクメタケは、成熟すると褐色になる

ツチグリ

土栗 *Astraeus ryoocheoninii*
ディプロキスティス科ツチグリ属

大きさ 小　季節 梅雨～秋
環境 林縁、路傍
場所 地上　生活型 菌根菌

外皮が開く前の断面

子実体は球形で、皮質で厚い外皮と薄皮状で内側に胞子ができる内皮から成り立つ。外皮は頂部から裂けて星形に開き、外皮内側には独特の模様が見られる。外皮は壊れずに黒化して長く残る。また雨に濡れて開き乾くと閉じる。幼菌は球形で土中にあり、胞子の成熟に合わせて地表に出現するとともに、外皮が裂開して胞子を散布するようになる。

メモ　国内外で地中の幼菌（マメダンゴ）を食用にする地域がある

エリマキツチグリ

襟巻土栗 *Geastrum triplex*
ヒメツチグリ科ヒメツチグリ属

大きさ 小～中
季節 夏～秋
環境 林内　場所 地上
生活型 落葉・落枝分解菌

子実体は球形、緑褐色～黄褐色。皮質の外皮と胞子を包む内皮から成り立つ。固い外皮（殻皮）は内外2層から成り、割れて反り返った後に内層が基部付近で環状に割れて襟巻状に周囲に残る。外皮外層の内面に模様はない。林床の落葉層になかば埋もれて生育する。襟巻きが無いのはフクロツチガキ。

メモ　形はよく似ているがじつはツチグリとは非常に遠縁で、まさしく他人のそら似

ヒトクチタケ

一口茸 *Cryptoporus volvatus*
タマチョレイタケ科ヒトクチタケ属

大きさ 小　季節 早春〜冬
環境 アカマツ
場所 樹幹　生活型 白色腐朽菌

子実体は半球形、上部は艶のある赤茶色、下部は白色。成熟すると下面に孔が開いて、内部にある管孔から胞子が放出される。子実体内部は空洞になっており、様々な菌食性の小型昆虫が隠れ住み胞子散布に貢献。煮干しに似た臭いがする。樹勢の衰えた立ち枯れのアカマツの幹上に極めて普通に生える。一年生だが一年を通して見られる。

メモ　子実体下面は破れるように丸い孔が開いており、その様子が「一口」の名前の由来

タマキクラゲ

玉木耳 *Exidia uvapassa*
キクラゲ科ヒメキクラゲ属

大きさ 小　季節 春〜秋
環境 雑木林
場所 枯枝　生活型 木材腐朽菌

子実体はゼラチン質で類球形、透明感のある淡褐色~赤褐色で、乾くと表面にシワが寄り最後は固くなる。色と形、触感から「コーラグミキノコ」の愛称もある。

メモ　強い風が吹いた翌日に、地面に落ちた広葉樹の枯枝を探すとよく見つかる

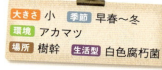

マンネンタケ

万年茸 *Ganoderma sichuanense*
マンネンタケ科マンネンタケ属

大きさ 中～大　季節 通年
環境 広葉樹
場所 樹幹基部
生活型 根株白色腐朽菌

子実体は固く大型だが、一年生で梅雨の頃から夏の盛りにかけて目立ち始め、冬には虫食いなどでボロボロに傷む。傘表面は黄褐色～赤褐色～紫褐色であまり艶がない。柄は赤茶色、一本あるいは稀に数本が束になり、ニスを塗ったような光沢が特徴。稀に柄は短いこともある。弱った広葉樹の株元に生える。出始めは傘が無く柄だけの姿で、先端が薄黄色の棒状であり正体が分かりにくい。「霊芝」の名前で知られる。郊外の里山でやや普通に見られ、それほど珍しいキノコではない。

出始めの子実体はクリーム色が目立つ

メモ　よく似たマゴジャクシは針葉樹に生え、子実体は黒色が目立ちずっと細い

ネンドタケモドキ

粘土茸擬 *Fuscoporia setifera*
タバコウロコタケ科サビアナタケ属

大きさ 小〜中　季節 通年
環境 広葉樹林
場所 枯枝
生活型 白色腐朽菌

子実体は木質、背着生で表面は茶褐色の短い毛で覆われ、管孔はやや色が薄く密。地面に落下した、特にコナラの枯枝上にきわめて普通に生え、出会う頻度はクロコブタケ（P92）と双璧。ネンドタケはいくつもの子実体が覆瓦状に重なって生えるが、ぼろぼろになっていることが多く、傘表面は黄褐色〜暗褐色で剛毛状の突起が密生する。

ネンドタケ

メモ 落枝の表面に平らな「亀の子たわし」状に張り付く姿がネンドタケモドキの特徴

固い

オオミノコフキタケ

大実ノ粉吹茸 *Ganoderma australe*
マンネンタケ科マンネンタケ属

大きさ 中〜特大　季節 通年
環境 広葉樹
場所 樹幹
生活型 白色腐朽菌

多年生で毎年大きくなる。なぜか傘の表面が自身の出す茶色のココアパウダー状の胞子で汚れていることが多い。傘裏は微細な管孔状で、白色、指で強くこすると褐変する。寒い場所に生え胞子が小型であるコフキサルノコシカケから最近区別された。両者の薬効の違いは不明。

メモ　2010年放送の某TV番組で推定50年物の特大品が120万円と鑑定された

大きさ 中〜特大　季節 通年
環境 針葉樹
場所 樹幹・倒木
生活型 褐色腐朽菌

ツガサルノコシカケ

栂猿ノ腰掛 *Fomitopsis pinicola*
ツガサルノコシカケ科ツガサルノコシカケ属

アカマツでよく見るサルノコシカケの仲間。多年生で毎年大きくなる。傘の縁で成長を続けるため外周が白く縁取られ、中央部は古くなると赤茶色から黒色と変化する。大きな子実体では傘の縁内側にオレンジ色の狭い帯が見られる。傘裏は全体が白色で細かい管孔状。

メモ　一年目の若い個体は平たい半球状で、背面中央を除き全体が白色で正体がわかりにくい

カイガラタケ

貝殻茸 *Lenzites betulinus*
タマチョレイタケ科カイガラタケ属

大きさ 小〜中　季節 夏〜冬
環境 雑木林・広葉樹、まれに針葉樹
場所 倒木・切株
生活型 白色腐朽菌

子実体は無柄で側着生、半円形、皮質。傘表面はクリーム色から灰色の同心円状の環紋が明瞭。ビロード状の手触りだが後に無毛となる。傘裏は類白色、放射状に広がるヒダをもつ。一年生で初夏以前にはあまり見かけず、また古い傘表面が緑藻で覆われ緑色になることがある。傘表面が赤褐色のチャカイガラタケも低地の広葉樹林内では極めて普通。

メモ　迷った時は裏返して傘裏のヒダ（写真中央）の存在を確認すればすぐに正体がわかる

ホウロクタケ

焙烙茸 *Daedalea dickinsii*
ツガサルノコシカケ科ホウロクタケ属

大きさ 中〜大　季節 通年
環境 広葉樹林
場所 枯木
生活型 褐色腐朽菌

子実体は一年生〜多年生、半円形、無柄、側着生。傘表面は灰白色〜淡褐色、同心円状に環紋があり、中央部にはたくさんの白色のこぶ状隆起が目立つ。傘裏の管孔は密で淡褐色。コナラなど広葉樹の切り株などに極めて普通の褐色腐朽性硬質菌。和名の「焙烙」はお茶や豆をから煎りするための素焼きの平たい土鍋のこと。

メモ　よく似たクジラタケは傘表面に放射状の浅いシワがあり、管孔が白色で細密な白色腐朽菌

スエヒロタケ

末広茸 *Schizophyllum commune*
スエヒロタケ科スエヒロタケ属

大きさ 小　季節 通年
環境 林内
場所 枯木・腐朽木
生活型 白色腐朽菌

子実体は側着生で無柄、革質、扇形～貝殻形、縁は多少内側に曲がり、切れ込みがある。傘表面は白色～灰白色、短毛が密生。傘裏のヒダはまばら、灰紫色。各ヒダは二枚が背中合わせになり、濡れるとそれがよくわかる。

メモ　非常にまれだが人間の気管支や肺内部に胞子が侵入し菌糸が広がる事例が知られている

チャウロコタケ

茶鱗茸 *Stereum ostrea*
ウロコタケ科キウロコタケ属

大きさ 小～中　季節 通年
環境 林内　場所 枯木・腐朽木
生活型 白色腐朽菌

子実体は円形～扇形で薄い革質。傘表面は灰白色～赤褐色で環紋と微毛がある。傘裏は平滑で帯灰色～淡赤褐色。広葉樹の枯木上などに重なるように生える。冬から春に見かけることが多い一年生で、古くなると緑藻が生え傘表面が緑色に見える。ウチワタケも薄くて傘裏が平滑だが、より大きく傘表面の白～焦茶色の環紋が目立つ。

メモ　「○○ウロコタケ」は傘裏が平滑でツルツルな薄くて固いキノコに共通する和名

ハナウロコタケ

花鱗茸 *Stereopsis burtianum*
シワタケ科ハナウロコタケ属

大きさ 小　季節 夏～秋
環境 林内
場所 地上
生活型 白色腐朽菌

子実体は一年生、薄い膜質で中央がへこむ円形、縁はときに切れ込んで重なり合う。傘表面は中央が淡黄色～淡褐色、縁部は白色、やや光沢がある。傘裏の管孔は不明瞭、白色～淡褐色。短い柄がある。山道沿いの土手によく見かける小型菌類。

メモ　地面にパラパラと散生する様子は、まるで小さな花弁が落ちたよう

ニッケイタケ

肉桂茸 *Coltricia cinnamomea*
タバコウロコタケ科オツネンタケ属

大きさ 小　季節 梅雨～秋
環境 林内・林縁
場所 裸地や崖地の地上
生活型 白色腐朽菌

子実体は小型、円形、中央がへそ状に窪み、周縁は薄い。傘表面は黄褐色～茶褐色、環紋が見られ縁部の色は薄く、圧着した毛が放射状に生え明らかな光沢をもつ。傘裏の管孔は黄茶色～褐色。柄は中実、円柱形、暗褐色でビロード状の毛が目立つ。

裏面と側面

メモ　傘表面の色が和名の由来で、ニッキ（肉桂）の臭いがするわけではない

ヤグラタケ

櫓茸 *Asterophora lycoperdoides*
シメジ科ヤグラタケ属

大きさ 小～中　**季節** 初夏～秋
環境 林内・林縁・草地
場所 ベニタケ科菌類
生活型 腐朽菌

傷んで黒く変色したクロハツモドキから生えるヤグラタケ

傘は半円形からまんじゅう形、はじめ白色だが、成熟すると傘表面が破れて薄茶色の厚膜胞子を大量に放出する。傘裏のヒダは厚く、白色。傷んだベニタケ科菌類、とくにクロハツモドキ、クロハツにとりつくことが多い。毎年同じ場所で観察できるのは、地面にまかれた厚膜胞子が土の中で翌年の夏までじっと獲物を待ち構えているからだろうか。その様子は冬虫夏草にも似ている。可憐な白いキノコだが強い異臭がする。

傘表面が破れて厚膜胞子が放出される

メモ 傷んで黒ずんだキノコから生じるため、白と黒のコントラストが絶妙

スッポンタケ

鼈茸 *Phallus impudicus*
スッポンタケ科スッポンタケ属

大きさ　中〜大　季節　梅雨〜晩秋
環境　雑木林・竹林・庭園
場所　地面
生活型　腐朽菌

幼菌（菌蕾）は類球形で持ち重りがし、半ば地面に埋まって頭だけを出す。その様子はまるで林床に置かれたニワトリの卵。底部には細い尻尾状で白色の菌糸束を持つ。幼菌の頭部が破れるとともに内部にコンパクトに収められていた頭部と柄が急速に伸び数時間以内に成菌となる。頭部は胞子を含んだ灰緑色のグレバに覆われ強い臭いを放ち、悪臭に惹きつけられたハエなどが胞子を運ぶ。和名の由来はスッポンの頭部に似ることから。

幼菌内に伸びる前の子実体が収納されている

メモ　グレバは雨で落ちやすい。強い臭いを放つが、耐えられないほどの悪臭ではない

アカダマキヌガサタケ

赤玉衣笠茸 *Phallus rubrovolvatus*
スッポンタケ科スッポンタケ属

大きさ 大　季節 梅雨〜夏
環境 竹・ササ林・庭園
場所 地上
生活型 白色腐朽菌

幼菌の赤紫色の外被膜が見えている

幼菌（菌蕾）の表面ははじめ白色〜薄い茶色、後に赤紫色〜赤褐色。スカート（菌網）はやや短く地面に届かない。新鮮な子実体のグレバは甘い柑橘系の果実臭。竹を含む様々な樹種の林縁に出るが、北海道や青森県では竹林以外の場所から見つかっている。よく似たキヌガサタケは菌蕾が白色で菌網は地面に届く。グレバは糞臭。近畿地方ではあまり見かけない。菌蕾が白く柄の半分しか菌網が伸びないマクキヌガサタケも日本に分布する。

マクキヌガサタケのスカートは短い

メモ　スカートは数時間ほどで完成し、すぐにしおれ始めるので写真撮影が難しい

注意

トガリアミガサタケ

尖編笠茸 *Morchella conica*
アミガサタケ科アミガサタケ属　子嚢菌

大きさ 中　季節 春
環境 草地・林縁
場所 地上
生活型 菌根菌／腐朽菌

アミガサタケ

トガリアミガサタケ

子実体頭部は黒みを帯びた薄茶色で粗い網目状、先端は尖る。アミガサタケ属の仲間は黒色系の「ブラックモレル」と薄橙色系の「イエローモレル」の大きく二つに分けられ、本種は前者の代表種でソメイヨシノが咲く頃に公園や林縁などの地上に現れる。アミガサタケは後者の代表種で子実体は頭部が薄茶色、先端が円頭でトガリアミガサタケよりもずっと大型、少し遅れた時期に生じる。ともに揮発性の毒成分をもつことが報告されている。

フランスで売られているトガリアミガサタケ乾燥品の瓶詰

メモ　世界四大キノコの1つで、モレルあるいはモレーユと呼ばれる。生食は有毒

ハタケチャダイゴケ

畑茶台苔 *Cyathus stercoreus*
ハラタケ科チャダイゴケ属

大きさ 小　季節 初夏〜秋
環境 畑地・植え込み
場所 地上
生活型 腐朽菌

子実体は多数が集まって生え、若い時は粗毛が密生した外皮で覆われ、のち開口してコップ状となる。胞子を中に含む小塊粒（ペリジニウム）は直径1〜2㎜の碁石形で黒色、細い紐で底部に繋がっている。雨滴によってペリジニウムが飛散すると、この紐の粘着性によって周囲の草の茎や葉に付着し、草食動物に食べられるのを待つ。

開口前の若い子実体

粘着性の糸で茎や葉に付着する小塊粒（矢印）

メモ　スジチャダイゴケは形がよく似ているが、地面ではなく落枝上に生じる

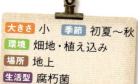

マイタケ

舞茸 *Grifola frondosa*
トンビマイタケ科マイタケ属

大きさ 大～巨大　季節 中秋～晩秋
環境 ブナ科広葉樹林
場所 老木根元
生活型 白色腐朽菌

裏側は白色

子実体は基部の菌塊から多数の分枝した柄と扇形～へら型の傘が重なりながら広がり、時に一抱えもある大きな株となる。傘表面は黄褐色から黒褐色。傘裏側は白色で管孔状。肉は白色で歯切れがよい。特有の香りがあり天日で乾燥させるといっそう強くなる。主にミズナラの老木の根元に生じるが、稀に低地のシイなどブナ科樹種の根元でも発生。近縁種に子実体が白色のシロマイタケがある。トンビマイタケやオオミヤマトンビマイは太い柄と幅広い傘をもつ。

オオミヤマトンビマイ

メモ　マイタケは同じ木の根元に毎年あるいは2、3年おきに発生する

アラゲキクラゲ

荒毛木耳 *Auricularia polytricha*
キクラゲ科キクラゲ属

大きさ 中　季節 晩秋〜春
環境 雑木林など
場所 広葉樹枯木、切株
生活型 白色腐朽菌

子実体はお椀状に丸まった円盤形から耳状で、固いゼラチン質。背面の一部で木の幹に着生する。胞子がつくられる腹面（上面）は褐色〜紫褐色で平滑。背面は淡茶褐色〜灰褐色で短く直立した毛が密生し、腹側とは対照的に白っぽく見える。乾燥すると強く収縮して硬くなるが、水にもどすと復活する。

メモ　キクラゲとして売られている商品はそのほとんどが栽培のアラゲキクラゲ

キクラゲ

木耳 *Auricularia auricula-judae*
キクラゲ科キクラゲ属

大きさ 中　季節 春〜秋
環境 雑木林
場所 広葉樹幹・枯木
生活型 白色腐朽菌

子実体はお椀状にくぼんだ円盤状から耳状で柔らかいゼラチン質。胞子がつくられる腹面（上面）は黄褐色〜褐色、平滑。背面は腹面と同色、短い毛がありビロード状になるが目立たない。乾燥すると黒褐色〜黒色で強く収縮して硬くなる。アラゲキクラゲとは出現する時期が異なり、こちらは春先から見られる。

メモ　普通種で、キノコ狩りの季節に林縁の倒木上などで出会う機会が多い

鞍型の頭部を持つ

ノボリリュウの仲間

注意

アシボソノボリリュウ

脚細昇龍 *Helvella elastica*
ノボリリュウ科ノボリリュウ属　子嚢菌

大きさ 小　季節 夏・秋
環境 林内
場所 地上　生活型 不明

子実体の頭部はノボリリュウに似るが、柄は細く柱状で表面に溝がない。ノボリリュウより子実体はしっかりとしたつくり。

注意

ノボリリュウ

昇龍 *Helvella crispa*
ノボリリュウ科ノボリリュウ属　子嚢菌

撮影：坂田洋子

大きさ 小〜中　季節 夏〜秋
環境 林内
場所 地上　生活型 不明

子実体の頭部はクリーム色で不規則な鞍状。柄は黄土色で幅広く平滑、縦に走る数本の溝が明瞭。子実体はややもろい。このページの４種は毒成分のジミトリンをもつ。

注意

ナガエノチャワンタケ

長柄ノ茶碗茸 *Helvella macropus*
ノボリリュウ科ノボリリュウ属　子嚢菌

大きさ 小　季節 春〜秋
環境 林内
場所 地上　生活型 不明

細くて長い柄に縦溝は無く、子嚢盤がお椀形になるのが特徴だがときに鞍型になることもある。子嚢盤の下面には密で微細な突起（絨毛）がある。

クロアシボソノボリリュウ

注意

黒脚細昇龍 *Helvella atra*
ノボリリュウ科ノボリリュウ属　子嚢菌

大きさ 小　季節 夏〜秋
環境 林内
場所 地上　生活型 不明

子実体の頭部は鞍状で灰色〜黒色、柄は頭部と同色で細長い。

虫から生えるキノコで、日本におよそ300種が知られる

冬虫夏草の仲間

カメムシタケ

椿象茸 *Ophiocordyceps nutans*
オフィオコルディセプス科オフィオコルディセプス属

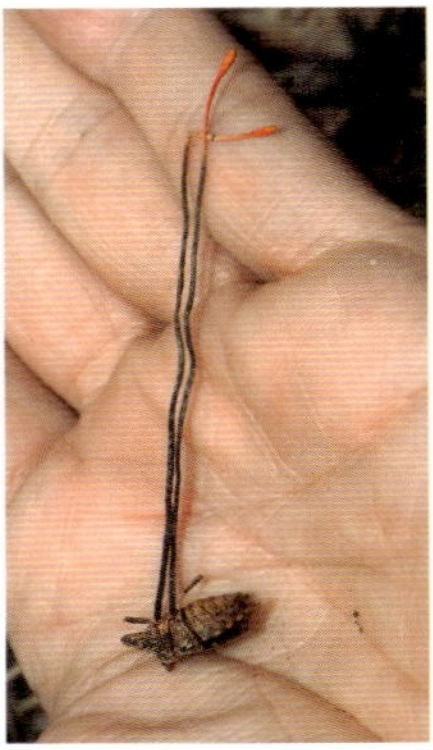

大きさ 小　季節 夏〜秋
環境 林内沢沿い
場所 地上（コケ群落など）
生活型 寄生性子嚢菌

もっとも見かける機会が多い冬虫夏草の1つ。雑木林などの沢沿いのコケ群落内のカメムシ類の体から黒い針金状の柄が伸びる。先端は棍棒状でオレンジ色。

クモタケ

蜘蛛茸 *Purpureocillium atypicolum*
オフィオコルディセプス科プルプレオシルリウム属

大きさ 小　季節 梅雨〜夏
環境 切り通し・墓地など
場所 土中のクモの巣内
生活型 寄生性子嚢菌

夏、路傍の土壁やお墓など主にキシノウエトタテグモが住む場所に見られる。先端は棒状で薄い紫色の粉（分生子）がよく目立つ。基部には菌糸に包まれたクモがある。

ボーベリア菌(セミカビ)

Beauveria bassiana
不完全菌類

きさ 小　季節 夏〜秋
境 場所 昆虫の死骸
活型 昆虫病原糸状菌

カビの一種で正確にはキノコの仲間ではない。様々な昆虫類に寄生し、水分を奪って体を硬化させ死に至らしめる。菌糸が緑色のMetarhiziumもある。

ガヤドリナガミツブタケ

蛾宿リ長実粒茸 *Akanthomyces tuberculatus*
ノムシタケ科ノムシタケ属

大きさ 小　季節 夏〜秋
環境 沢沿い林縁
場所 枝上
生活型 寄生性子嚢菌

気生型の冬虫夏草。枝に止まっている小型の蛾成虫から生じる。沢近くの山道を歩いていて、偶然目にとまって見つかることが多い。

カビのような姿・形をしている

キノコ的ではない菌類

タケリタケ

猛り茸 *Hypomyces hyalinus*
ニクザクキン科ヒポミケス属

大きさ 中　季節 夏～秋
環境 林床
場所 地上
生活型 寄生性子嚢菌

ベニタケ科菌類に寄生し、成熟すると赤褐色になり独特の形状となる。関西では見かける機会が少ない。

アワタケヤドリタケ

泡茸宿り茸 *Hypomyces chrysospermus*
ニクザクキン科ヒポミケス属

大きさ 小～大
季節 夏～秋
環境 林床　場所 地上
生活型 寄生性子嚢菌

寄生されたイグチ類の子実体ははじめ表面が白く後に黄色になり、成長が阻害されて奇妙な形状となる。西日本に多い。

メダケ赤衣病菌

女竹赤衣病菌 *Stereostratum corticioides*
プクキニア科ステレオストラツム属

大きさ 小～中　季節 秋～春
環境 場所 タケ・ササ林
生活型 寄生菌

オレンジ色～黄色で不定形、寄主特異性がありササ・タケ類にだけ寄生する病原性のさび病菌の仲間。水を含むとブヨブヨとした感じの見た目と手触りになる。

ロウタケ

蝋茸 *Sebacina incrustans*
ロウタケ科ロウタケ属

大きさ 小～中　季節 夏・
環境 林内・林縁草地
場所 地面　生活型 共生菌

不透明な白色で不定形の担子菌類。ロウ状でややもろく落ち葉や下草の根元によく付着する。キンランなど多くの菌従属栄養植物と共生し種子の発芽を助ける。

用語解説（五十音順）

【赤腐れ（あかぐされ）】褐色腐朽菌が木材中のセルロース類のみを分解することで、赤茶色のブロック状にリグニンが残るタイプの腐朽の進み方。→白腐れ

【柄（え）】子実体のうち傘をささえる棒状の部分。

【落葉分解菌（おちばぶんかいきん）】腐朽菌の一種で、落葉や細い枯れ枝を分解して養分を得ている菌類。

【外被膜（がいひまく）】幼菌の時に子実体全体を覆っている膜。子実体が成長した後には柄基部のツボや傘表面のイボになって残る。

【傘（かさ）】子実体の先端で多くは円形に広がり、裏面は胞子をつくるヒダや管孔になる。

【褐色腐朽菌（かっしょくふきゅうきん）】木材中のセルロース類だけを分解して栄養分とする菌類。褐色で固いリグニンが残るため材はブロック状に崩れる。マツやスギなど針葉樹の腐朽でよく見られる。→白色腐朽菌

【管孔（かんこう）】スポンジ状に小さな孔が開いた傘裏の構造。ヒダの場合と同様に孔の内部で胞子がつくられる。管孔の開口部を孔口（こうぐち）と呼び、ここを通って胞子が放出される。

【寄生菌（きせいきん）】生きている様々な植物や動物を利用する菌類。病気を起こすものは病原性寄生菌と呼ばれる。

【共生（きょうせい）】複数種の生物がお互いに強い関係を維持しながら同じ場所で生活する様式。菌類の場合は菌根を通じて多くの樹木や草本と共生する。

【菌根（きんこん）】維管束植物の根の細胞内に菌類が侵入あるいは根の表面を綿状に覆うなどしてできる。陸上植物種の8～9割が「菌根菌」と共生して菌根をつくると推定されている。

【菌根菌（きんこんきん）】菌根をつくる菌類のこと。大型の子実体をつくる仲間では特に外生菌根菌が重要。

【菌糸（きんし）】胞子が発芽してできる、菌類の体をつくる糸状の構造。子実体をつくる仲間では一次菌糸と二次菌糸の二種類がある。

【菌類（きんるい）】キノコやカビ、酵母、そして地衣類を含む生物の総称。植物とは違って光合成を行わず、体外に消化液を分泌して分解によって栄養分を得る。一生単細胞のままの酵母以外は、長く伸びる菌糸をつくって成長する。

【グレバ】地下生菌類の仲間では球形の子実体内部に胞子を形成する組織が生じ、それをグレバ（基本体）と呼ぶ。スッポンタケ類では頭部表面の粘液状の塊になり内部に胞子を含む。

【光合成（こうごうせい）】植物が葉緑素を使って、日光と水、二酸化炭素から栄養（糖類）をつくること。菌類は葉緑素をもたず光合成を行わない。

【広葉樹（こうようじゅ）】葉が広く平たいサクラやコナラ、ブナなどの被子植物のこと。常緑樹と落葉樹が見られる。→針葉樹

【里山林（さとやまりん）】人里近くにある人によって長い間管理されてきた落葉広葉樹林、アカマツ林、あるいはスギやヒノキ等の人工林を含む種々の森林。

【子実層（しじつそう）】キノコ子実体のうち、胞子をつくるための組織のこと。ヒダ状やスポンジ状（管孔）など様々な形がある。

【子実体（しじつたい）】胞子をつくるためにある時期に短期間だけ地上に現れる、普段私たちがキノコと呼んでいるもの。

【子嚢（しのう）】子嚢菌の胞子がつくられる細長い袋状の構造。通常4～8個の胞子が中でつくられ、袋が破れて放出される。

【子嚢菌（しのうきん）】子嚢の中に胞子をつくる菌類。独特の形をしたキノコやカビの仲間が含まれる。→担子菌

【条線（じょうせん）】子実体の傘表面の縁部に見られる筋状の模様。

【白腐れ（しろぐされ）】白色腐朽菌によってリグニンが分解され、残されたセルロース類の白色が目立ちボロボロに崩れる木材腐朽の進み方。→赤腐れ

【針葉樹（しんようじゅ）】葉が針のように細長く球果（松ぼっくり）をつくるマツやスギなどの裸子植物のこと。→広葉樹

【成菌（せいきん）】成長して胞子を散布させるまで成長した子実体。→幼菌、老菌

【青変性（せいへんせい）】子実体の傘や柄、ヒダなどを傷つけると、急速にあるいはゆっくりと青く変色する性質。

【セルロース】植物の細胞壁などをつくる主成分で炭水化物の一種。分解されるとブドウ糖になる。

【繊維状（せんい）】子実体の傘や柄の表面に見られる細かい筋状の模様。

【雑木林（ぞうきりん）】人里近くの常緑・落葉広葉樹とアカマツなどの針葉樹が混じった、長く人手によって管理された森林。

【担子菌（たんしきん）】子実層にある担子器という小さな器官の先端に胞子をつくる仲間。傘の裏にヒダや管孔をもつことが多い。→子嚢菌

【中空（ちゅうくう）】柄の断面を見たとき、中央部が縦に空洞になっていること。指で押さえると容易にへこむ。→中実

【中実（ちゅうじつ）】柄の断面を見た時、内部が詰まって空洞にならないこと。指で押さえると弾力がある。→中空

【ツバ】子実体幼菌のヒダを覆って保護していた膜が、傘が開くことで破れ柄の中ほどに取り残されたもの。

【ツボ】子実体幼菌全体を包んでいた外皮膜の名残で柄の根元に袋状になって残る。

【冬虫夏草（とうちゅうかそう）】昆虫あるいは地中生菌類を乗っ取って養分を得る菌類の仲間。日本に約３００種が知られている。

【内生菌（ないせいきん）】生きた植物の細胞（宿主）の中に存在しながら病気を起こさずに静かに過ごしている菌類のこと。落葉するなどして細胞が死ぬと攻撃性を回復して分解を開始する。

【内被膜（ないひまく）】子実体のヒダや管孔を保護する膜状のもの。子実体が成長すると柄に見られるツバや傘の縁の断片状の膜となって残る。

【白色腐朽菌（はくしょくふきゅうきん）】木材中のセルロース類とリグニンの両方を分解・利用する菌類。セルロース類を利用する際にまずリグニンを分解・除去するため、腐朽した材木は白色でボロボロに崩れる。→褐色腐朽菌

【ヒダ】子実体の傘の裏側にあり、胞子をつくる装置（担子器）がつくられる部分。

【腐朽菌（ふきゅうきん）】有機物を分解して栄養分を得る菌類。特に木材を腐朽させる場合を木材腐朽菌という。腐生菌（ふせいきん）ともいう。

【分類（ぶんるい）】共通する特徴や形の類似性などの基準を使い、似た仲間を見つけ出してまとめること。

【胞子（ほうし）】子孫を広く散布させるためにつくられ、普通は極めて小さく風によって空中に飛散される。発芽して菌糸をつくる。

【胞子紋（ほうしもん）】ヒダから落ちる胞子を紙の上に受けてできる模様。胞子の正確な色を知ることができる。

【木材腐朽菌（もくざいふきゅうきん）】木材中のセルロース類やリグニンを分解（腐朽）して養分を得る菌類。白色腐朽菌と褐色腐朽菌がある。→落葉分解菌

【幼菌（ようきん）】未成熟な段階の子実体のこと。テングタケやスッポンタケの仲間ではすっぽりと外皮膜に包まれ鶏卵状である。→成菌、老菌

【リグニン】植物の細胞壁をつくる成分で、非常に固く分解されにくい。木材の重さの約20～35％がリグニンであり、固くしっかりした幹や枝をつくり重力に逆らって樹木や草を高く直立させる役割を果たす。

【鱗片（りんぺん）】魚の鱗のように薄く平板な組織で、傘や柄の表面に見られる。

【老菌（ろうきん）】古くなって傷み始めた子実体。傘は反り返るようになり、さらに進むと溶けるように崩れ、臭いが強くなることが多い。→幼菌、成菌

身近なキノコ図鑑

さくいん

※**太字**は主要解説がある、または写真を掲載しているページ

参考文献 （発行年順）

『原色日本新菌類図鑑(I),(II)』(今関六也・本郷次雄　保育社)
『山渓カラー名鑑　日本のきのこ』(今関六也ほか　山と渓谷社)
『山渓フィールドブック10　きのこ』(本郷次雄ほか　山と渓谷社)
『フィールドベスト図鑑14　日本の毒きのこ』(長沢栄史(編)　学習研究社)
『毒きのこ今昔－中毒症例を中心にして－』(奥沢康正ほか　思文閣出版)
『たのしい自然観察　きのこ博士入門』(根田仁・伊沢正名　全国農村教育協会)
『兵庫のキノコ』(兵庫きのこ研究会(編著)　神戸新聞総合出版センター)
『きのこの下には死体が眠る⁉』(吹春俊光　技術評論社)
『冬虫夏草ハンドブック』(盛口満・安田守　文一総合出版)
『山溪カラー名鑑　増補改訂新版 日本のきのこ』(今関六也ほか　山と渓谷社)
『新版　北陸のきのこ図鑑』(池田良幸　橋本確文堂)
『きのこの世界はなぞだらけ』(このはNo.11)(文一総合出版)
『宮崎のきのこ』(黒木秀一　鉱脈社)
『地下生菌識別図鑑』(佐々木廣海ほか　誠文堂新光社)
『キノコとカビの生態学』(深澤遊　共立出版株式会社)
『小学館の図鑑NEO　きのこ[改訂版]』(保坂健太郎(監)　小学館)
『しっかり見分け観察を楽しむ　きのこ図鑑』(中島淳志・大作晃一　ナツメ社)
『おいしいきのこ毒きのこハンディ図鑑』(大作晃一・吹春俊光・吹春公子　主婦の友社)
『きのこの教科書』(佐久間大輔　山と渓谷社)
『アミガサタケ・チャワンタケ識別ガイド』(井口潔ほか　文一総合出版)
『枯木ワンダーランド』(深澤遊　築地書店)
『栃木のきのこ新図鑑』(山本航平・大前宗之　下野新聞社)

参考にしたWEBサイト

関西菌類談話会　少し上級者向けだが、読み応えのある会報が直近2年以外読み放題
http://kmc-jp.net/

千葉菌類談話会　千葉菌類談話会通信のバックナンバーを無料公開する
http://chibakin.la.coocan.jp/

きのこびと　軽妙かつ奥深いキノコ関係のエッセイが楽しめる
https://kinokobito.com/

牛肝菌研究所　分類が難しいイグチの仲間の情報が充実
http://w1.avis.ne.jp/~boletus/

日本冬虫夏草の会新館　日本産の冬虫夏草がこれでもかというほど紹介されている
http://cordy.a.la9.jp/

虫草日誌　冬虫夏草の野外観察の報告は読んで楽しく勉強になる
http://ignatius.blog3.fc2.com/

OSO的キノコ写真図鑑　詠みやすいエッセイと美しい写真が特徴。別頁でキノコ擬人化の美少女版が見られる
http://toolate.s7.coreserver.jp/kinoko/index.htm

地下生菌研究会　トリュフの仲間など地下で見つかるキノコのことを知りたければここ
https://jats-truffles.org/

三河の植物観察 きのこ図鑑　図鑑的記載と近縁種との比較が充実
https://mikawanoyasou.org/kinoko/kinokoitiran.htm

大菌輪　全菌類の横断検索を提供．各種の情報を得るためのリンクが充実
http://mycoscouter.coolblog.jp/daikinrin/

協力(敬称略) **神代大輔　写真協力 坂田洋子**
写真　PIXTA (P19上、P30下、P34下、P43上、P46上、P62上左、P67上、P93上中下、P98下、P117上下、P130下)

おわりに

子どもの頃いつも一人で遊び、大人になってからも一人で下を向いて歩くのが好きでした。孤独を愛する人にはキノコ観察は最適な趣味になります。今や株取引の金言とされる名言、『人の行く裏に道あり花の山』（千利休）はキノコ探しでも成り立ちます。素敵なキノコを見つけてひとりにんまりとしたいものです。

六甲山の北側にある兵庫県三田市に、『兵庫県立人と自然の博物館』という博物館があります。縁あって30年前にこの博物館に赴任し、以来博物館が主催するキノコ観察会の講師を担当してきました。その経験の中で気づいたのは、キノコを見ると誰もが『食べられるのか、あるいは毒なのか』が猛烈に知りたくなるということです。大人だけではありません。まだ幼い未就学児であっても、キノコを手に取るとそれが食べられるのかどうかを私に尋ねるのです。考えてみればそれは不思議なことです。キノコの独特の姿形が、人という生き物の気持ちに訴えかける何かを持っているのかもしれません。

図鑑執筆のお話をいただいた時、大学院入学以来40年以上コケ植物の分類学を専門としてきた人間による、キノコの専門家とは少し違う視点からの、コケ的目線からキノコの魅力を紹介できるかもしれないとお引き受けしました。その目論見がうまく実現できたのかどうか、読者の皆さんの判断を待ちたいと思います。

写真を提供していただいた坂田洋子さん、カンムリタケを案内いただいた神代大輔さん、今回掲載はできませんでしたが生育地を案内していただいた橋本敬子さんと菅千恵美さん（ミドリコケビョウタケ）ならびに上中一雄さん（カキノミタケ）、博物館で開催されたキノコ観察会に参加してくださった多くの皆さん、担当編集者の遠藤かおりさんに感謝します。そして、子ども時代に自然の中で過ごす楽しさを教えてくれた亡き両親にこの本を捧げたいと思います。

2024年8月　秋山弘之

●著者

秋山弘之（あきやま・ひろゆき）

1956年、大阪府出身。京都大学大学院理学研究科博士課程修了。理学博士。元兵庫県立大学准教授、兵庫県立人と自然の博物館主任研究員（併任）。コケ植物の系統分類学を専門に研究。趣味は散歩とキノコ採集、庭の草むしり。著書に『苔の話』（中公新書）、編著に『コケの手帳』（研成社）、『新分類　牧野植物図鑑』（分担、北隆館）、監修に『知りたい会いたい 新 特徴がよくわかるコケ図鑑』（藤井久子著）など。長年親しんだコケとは様子の異なる、キノコがもつ多種多様な色と形、そして匂いの世界に魅了され続けている。

デザイン	西野直樹（コンボイン）
挿画	クラミサヨ
校正	兼子信子
DTP 制作	天龍社

知りたい会いたい
色と形ですぐわかる

身近なキノコ図鑑

2024年 9 月20日　第 1 刷発行
2024年12月13日　第 2 刷発行

著　者　秋山弘之
発行者　木下春雄
発行所　一般社団法人 家の光協会
〒162-8448　東京都新宿区市谷船河原町11
電　話　03-3266-9029（販売）
　　　　03-3266-9028（編集）
振　替　00150-1-4724
印刷・製本　株式会社東京印書館

ISBN 978-4-259-56812-2 C0061